直流电源系统
典型案例分析

全国输配电技术协作网直流电源系统专业技术委员会　组编

中国电力出版社
CHINA ELECTRIC POWER PRESS

内 容 提 要

为进一步加强直流电源系统的管理，认真贯彻行业、企业标准要求及国家能源局《防止电力生产事故的二十五项重点要求》《国家电网公司十八项电网重大反事故措施（修订版）》《南方电网公司十八项电网重大反事故措施》的贯彻落实。全国输配电技术协作网直流电源系统专业技术委员会组织编写了《直流电源系统典型案例分析》。

本书汇总了国内变电站和发电厂运维过程中存在的典型异常、故障、缺陷等问题，在此基础上从技术角度进行详细的阐述和分析。本书主要内容包括直流电源系统故障引起的电网事故，直流电源系统蓄电池故障，直流电源系统充电装置故障，直流电源系统监控装置故障，直流电源系统绝缘故障及直流电源系统绝缘监测回路故障，交、直流电源系统保护电器故障，变电站交流电源故障引起直流电源系统故障。

本书可供发、供电企业运行检修和技术管理人员阅读和参考，也可供直流电源类设备制造、安装调试、设计等相关技术人员使用。

图书在版编目（CIP）数据

直流电源系统典型案例分析／全国输配电技术协作网直流电源系统专业技术委员会组编 . —北京：中国电力出版社，2017.11（2020.4 重印）
ISBN 978-7-5198-1219-5

Ⅰ. ①直… Ⅱ. ①全… Ⅲ. ①直流–电源–设备管理 Ⅳ. ①TM91

中国版本图书馆 CIP 数据核字（2017）第 241571 号

出版发行：中国电力出版社
地　　址：北京市东城区北京站西街 19 号（邮政编码 100005）
网　　址：http://www.cepp.sgcc.com.cn
责任编辑：罗　艳（965207745@qq.com，010–63412315）
责任校对：马　宁
装帧设计：张俊霞　张　娟
责任印制：石　雷

印　　刷：三河市百盛印装有限公司
版　　次：2017 年 11 月第一版
印　　次：2020 年 4 月北京第三次印刷
开　　本：710 毫米×980 毫米　16 开本
印　　张：12.5
字　　数：227 千字
定　　价：66.00 元

《直流电源系统典型案例分析》
编 委 会 名 单

主　　编　樊树根

副 主 编　赵燕茹　陈军一　杨忠亮　王　洪　李秉宇

成　　员　吴志琪　童杭伟　沈丙申　和彦淼　雷一勇　陈　曦

　　　　　赵宝良　苗俊杰　贾志辉　王志华　刘颂菊　徐街明

　　　　　陈晓东　赵应春　田　宇　王　硕　柯艳国　魏玉寒

　　　　　敖　非　吴晨阳　王中杰　张　涛　王　强　田孝华

　　　　　郭　雄　李　叶　左滨诚　张俊利

顾问专家　顾霓鸿　彭　江　刘润生　王典伟

参编技术单位

河北创科电子科技有限公司　　　　　　　　马延强

山东鲁能智能技术有限公司　　　　　　　　孟祥军

上海良信电器股份有限公司　　　　　　　　王金贵

北京人民电器厂有限公司　　　　　　　　　王雪楠

山东金煜电子科技有限公司　　　　　　　　韩　琳

山东智洋电气股份有限公司　　　　　　　　张万征

杭州中恒电气股份有限公司　　　　　　　　盛　捷

杭州高特电子设备有限公司　　　　　　　　谢建江

河北普及达电气设备科技有限公司　　　　　袁书娟

深圳市锦祥自动化设备有限公司　　　　　　彭岳云

辽宁兰陵易电工程技术有限公司　　　　　　黄耀阳

前　言

随着科技进步和知识经济时代的到来，电网的运行和技术管理已发生了深刻的变化。特别是随着特高压、智能变电站技术的不断发展，以及变电站无人值班或少人值班的发展趋势，安全生产对电力系统运行、维护和事故预防提出了新的要求、新的课题。直流电源系统作为变电站的重要组成部分，是变电站安全运行的重要保障，直流电源系统的安全可靠运行尤为重要。

为落实国家能源局二十五项、国家电网公司十八项、南方电网公司十八项反事故措施，加强电力系统直流电源专业管理，提升直流电源专业人员的技术水平，提高电力系统发、供电企业直流电源设备的运行和维护工作。全国输配电技术协作网（EPTC）直流电源系统专业技术委员会在国家电网公司、中国南方电网公司及发、供电企业、科研院所、设备制造企业等单位的大力支持下，组织了51个电力系统单位、11个技术支持单位和198位专家及技术研发人员对近十年来电力系统中变电站和发电厂直流电源发生的典型故障和缺陷案例进行征集，征集案例共169个。组织专业技术人员对案例进行了汇总、梳理和分析，对故障的发生概况、现场和解体检查情况进行了回顾和详细的叙述，对故障原因进行了深入的分析和研讨，按照故障的类型和责任原因对事故进行了归类，形成直流电源系统故障引起的电网事故、蓄电池、充电装置、监控装置、绝缘故障、保护电器及站用交流电源故障分析7个章节，70个案例。最终形成了《直流电源系统典型案例分析》，本书特色在于：

（1）实用。本书内容丰富，立足于现场实际，编录内容涵盖了直流电源系统中的主要设备，富有很强的实用性。是一本范围涉及全面、技术含量精专、实用特点鲜明的专业性书籍。

（2）简明。本书选取内容时坚持"少而精，简而远"的准则，叙述开门见山、结构清晰、主题明确，重点突出。文词选用时克服偏、难、深、怪、繁等弊端，尽量使用规范用语，确保词句简明流畅，便于培训教学与个人学习。

（3）指导。该书对国内电力系统中，变电站和发电厂一些典型的直流电源系统故障案例，其发生的过程和造成故障的原因进行系统性的分析和研讨，并总结出经验教训及预防措施，为读者了解其直流电源典型事故案例，预防同类型的故障再次发生提供参考和帮助。

参加本书编写工作组的成员均多年从事专业运行与管理工作，对征集填报的案例进行了归纳、提炼及再创作，编写出使读者阅读通俗易懂的经典案例。本书适用于发、供电企业运行检修和技术管理人员阅读和参考，同时也供直流电源设备制造、安装调试、设计等相关专业人员使用。

　　案例征集过程中得到了各网省、地市公司的大力支持（详见附录），在此，对其辛勤劳动表示深切的谢意。

　　由于编写人员水平有限，案例分析中存在不妥之处在所难免，敬请广大读者批评指正！

编　者

2017 年 10 月

目 录

前言

第三章　直流电源系统充电装置故障

第四章　直流电源系统监控装置故障

第五章　直流电源系统绝缘故障及直流电源系统绝缘监测回路故障

第六章　交、直流电源系统保护电器故障

第七章　变电站交流电源故障引起直流电源系统故障

附录　案例提供人

第一章 直流电源系统故障引起的电网事故

案例 1　330kV 变电站主变压器烧损事故

一、故障简述

2016 年 6 月 18 日 0 时 25 分，距某 330kV 变电站约 700m 处电缆沟道井口发生爆炸。随即，与某 330kV 变电站相邻的某 110kV 变电站的 4、5 号主变压器及某 330kV 变电站 3 号主变压器（见图 1-1）相继起火；约 2min 后，某 330kV 变电站 6 回 330kV 出线相继跳闸。故障造成某 330kV 变电站及相邻某 110kV 变电站等 8 座 110kV 变电站失压。

图 1-1　某 330kV 变电站 3 号主变压器

1. 故障后暴露出站内直流电源存在的问题

改造后的第 2 组蓄电池至两段母线之间的隔离开关在断开位置，充电装置交流电源失去后，造成直流母线失压，导致扩大了电网事故，该事故波及到该站及相邻 8 座 110kV 变电站失压。

2. 设备损失

（1）某 330kV 变电站。

1）1、2 号主变压器喷油，3 号变压器烧损，3 号变压器某 330kV 避雷器损坏，见图 1-1；

2）3 号变压器 35kV 断路器 C 相触头烧损，35kV 母线烧毁；

3）110kV Ⅰ母管型母线受故障影响断裂，断路器与隔离开关发生两相和三相引线断裂，Ⅰ母隔离开关 B 相绝缘子断裂，其余两相有不同程度损伤。

（2）某 110kV 变电站。4、5 号变压器烧损；35kV Ⅱ母线电压互感器及隔离开关、110kV 线路Ⅱ、110kV 线路Ⅲ断路器及隔离开关受损。

（3）10kV 配电网。10kV 县城线 1 号电缆分支箱受损。

二、故障原因分析

1. 故障前运行方式

该 330kV 变电站主接线为 3/2 接线，共 6 回 330kV 出线，3 台容量为 240MVA 的主变压器（1、2、3 号主变压器），110kV 主接线为双母线带旁母接线。相邻 110kV 变电站有两台 50MVA 主变压器（4、5 号主变压器）及 1 台 31.5MVA 移动车载变压器（6 号主变压器），其中，4、5 号主变压器接于该 330kV 变电站 110kV 母线，6 号主变压器接于该 330kV 变电站 110kV 旁路母线，6 号主变压器 10kV 母线与 4、5 号主变压器 10kV 母线无电气连接。

2. 故障描述

此次事故起因是相邻 110kV 变电站 35kV 线路Ⅲ发生故障；27s 后，事故发展至 110kV 系统；132s 后，事故继续发展，至该 330kV 变电站 330kV 系统；135s 后事故切除，持续时间共计 2min15s。

因该 330kV 变电站站内继电保护等装置在故障发生的同时，失去了为提供装置正常工作的直流电源，造成事故的扩大。

3. 故障原因分析

（1）故障发展时序。事故中，该 330kV 变电站和相邻的某 110kV 变电站保护及故障录波器等二次设备均未动作。通过调阅该 330kV 变电站线路对侧相关变电站保护动作信息及故障录波数据，判定本次事故过程中故障发展时序见"2.故障描述"。

（2）电缆故障分析。故障电缆沟道型号为 1m×0.8m 砖混结构，内敷 9 条电缆，其中，35kV 3 条，10kV 6 条（均为用户资产）。

事故后，排查发现相邻 110kV 变电站 35kV 线路Ⅲ间隔烧损严重，其敷设沟道路面沉降，柏油层损毁，沟道内壁断裂严重，有明显着火痕迹。开挖后确认 35kV 线路Ⅲ电缆中间头爆裂。

综上判定，35kV 线路Ⅲ电缆中间头爆炸为故障起始点，同时沟道内存在可燃气体，引发闪爆。该故障电缆型号为 ZRYJV22–35kV–3×240，2009 年投运。

（3）直流系统失压分析。

1）直流电源系统基本情况。

a. 该 330kV 变电站与相邻 110kV 变电站共用 1 套直流电源系统。该 330kV 变电站 1、2 号站用电源分别取自相邻 110kV 变电站 10kV Ⅰ 段和 Ⅱ 段母线，0 号变电站用电源取自 35kV 线路。

b. 该 330kV 变电站原站用直流电源系统采用"两电两充"模式。1999 年投运，配置 2 组蓄电池，个数为 108 只/每组，容量 300Ah；改造后 2 组蓄电池容量，每组 104 只，容量 500Ah/每组。

2）直流系统改造情况。根据上级公司批复计划，该公司组织实施该 330kV 变电站综合自动化、直流系统改造工程，2016 年 4 月 29 日完成直流 Ⅰ 段母线改造，6 月 1 日开始改造直流 Ⅱ 段母线，6 月 17 日完成两面充电屏和两组蓄电池安装投运。

3）直流母线失电分析。

a. 变电站站用交流失压原因。由于该 330kV 变电站（相邻 110kV 变电站）站外 35kV 线路 Ⅲ 线故障，相邻 110kV 变电站 35kV 和 10kV 母线电压降低，1、2、0 号站用变压器低压侧脱扣跳闸，直流电源系统充电装置失去交流电源。

b. 直流电源系统失电原因及隐患。改造更换后的 2 组新蓄电池未与直流母线导通，原因是该 2 组蓄电池组至两段母线之间串接隔离开关在断开位置（该隔离开关原用于均/浮充方式转换，改造过渡期用于新蓄电池连接直流母线），即直流母线处于无蓄电池运行状态。充电装置交流电源失去后，即造成直流母线失压。

另外，直流电源系统还存在寄生回路，在 2013 年的改造后，二次回路中 1、2 号双头隔离开关间的连接线未拆除，2 组蓄电池组负极间存在一个等电位联结点，同时 2 组蓄电池组负极间分别连接 Ⅰ、Ⅱ 段合闸母线，有些直流馈线在两段同时供电时并在改造中完全分开，未真正实现直流 Ⅰ、Ⅱ 段母线分段运行，给本次故障的发展埋下隐患。

c. 直流监控系统未报警原因。蓄电池和直流母线未导通，监控系统未报警，原因是直流电源系统改造后，有 4 台充电（整流）模块接至直流母线，正常运行时由站用交流通过充电模块向直流母线供电。

经现场调查分析，本次故障原因：一是 35kV 线路 Ⅲ 电缆中间头爆炸，330kV 变电站 1、2、0 号站用变压器因低压脱扣全部失电，此时，充电装置失去交流输入电源；二是改造后的 2 组蓄电池至直流母线之间串接的隔离开关在断开位置，未能与两段直流母线连接。使全站保护及控制回路失去直流电源，造成故障越级。

三、故障处理过程

事故发生后，该公司立即组织故障处置和供电恢复：

2016 年 6 月 18 日 0 时 28 分，省调度自动化系统相继发出 6 条 330kV 线路的故障告警信息，同时监控系统报出上述线路跳闸信息。

0 时 29 分，省调通知省检修公司安排人员立即查找故障。

0 时 38 分，该 330kV 变电站现场人员确认全站失压，站用电失去，断路器无法操作。

0 时 40 分，地调汇报省调，该地区共 8 座 110kV 变电站均失压。

0 时 55 分～1 时 58 分，地调陆续将除相邻 110kV 变电站外的 7 座失压变电站倒至其他 330kV 变电站供电。相邻 110kV 变电站所供 12 000 户用户陆续转带恢复，至 12 时，除 700 户不具备转带条件外的，其他全部恢复。

1 时 20 分，站内明火全部扑灭，省调要求现场拉开所有失压开关，并检查站内一、二次设备情况。

2 时 55 分，经检查确认，相邻 110kV 变电站 4、5 号主变压器烧损，该 330kV 变电站 3 号主变压器烧损，1、2 号主变压器喷油，均暂时无法恢复。

5 时 18 分，该 330kV 变电站 1、2、3 号主变压器故障隔离。

6 时 34 分～9 时 26 分，该 330kV 变电站 6 回出线及 330kV Ⅰ、Ⅱ 母恢复正常运行方式。

运维检修直流电源专业人员确认了现场蓄电池上口串接隔离电器问题以及运行方式后，及时恢复直流电源系统运行方式，保障直流电源能够给保护以及自动装置提供安全可靠电源。

四、故障处理与防范措施

1. 故障处理

（1）直流屏改造更换。直流屏改造更换后未进行蓄电池连续供电试验，未及时发现蓄电池脱离直流母线的重大隐患。

（2）隐患排查治理不彻底。该 330kV 变电站在 2013 年的改造后，直流系统就存在寄生回路，2 组蓄电池组负极间存在一个等电位联结点，同时并未真正实现直流 Ⅰ、Ⅱ 段母线分段运行，给本次故障的发展埋下隐患。

2. 防范措施

（1）新建或改造变电站的直流电源系统，在进行投运验收前，应进行直流蓄电池组连续供电测试试验，并满足相关规程要求后方可投运。

（2）检查直流电源系统回路，防止寄生回路产生。

（3）在蓄电池投入运行前，应检查蓄电池出口保护电器，其中，直流断路器或熔断器、隔离开关应在投入状态，确保无蓄电池失电、直流母线无压的隐患。

案例 2　330kV 变电站全停事故

一、故障简述

2014 年 6 月 18 日 16 时，某 330kV 变电站 110kV 线路 Ⅰ、Ⅱ 线路故障跳闸，该站 110kV 线路保护装置和控制直流电源失去，该站所供 15 座 110kV 变电站、5 座铁路牵引变电站停电。

二、故障原因分析

1. 故障前运行方式

该 330kV 变电站全接线方式运行，330kV 合环运行，110kV 双母并列运行，站内无检修工作。该 330kV 变电站与 2 个 110kV 变电站构成三角环网运行，与另外 4 个 110kV 变电站构成四角环网运行。

2. 故障描述

2016 年 6 月 18 日 16 时，该地区出现强对流、雷暴雨天气，局部出现龙卷风。16 时 19 分，同杆架设的 110kV 线路 Ⅰ（53～54 号）、线路 Ⅱ（28～29 号）杆导线上搭挂彩钢板，造成三相短路。当日 15 时 53 分，该 330kV 变电站 110kV 电压等级设备的直流电源总断路器故障，导致 110kV 电压等级设备的保护、控制直流电源失电，从而 110kV 侧线路及母联断路器失去了保护、控制功能。

3. 故障原因分析

（1）保护动作情况分析。该 330kV 变电站 110kV 线路首先发生 AB 相间故障，1.9s 后转换为 AB 相间接地故障，2.1s 后 C 相也出现接地故障；此前 26min，该 330kV 变电站 110kV 电压等级设备的保护、控制直流电源失电，故障发生 2.5s 后，1、2、3 号主变压器中压侧阻抗保护动作跳 110kV 母联断路器，由于母联控制电源失电未跳开；故障发生 2.8s 之后 3 台主变压器中压侧阻抗保护动作跳主变压器中压侧 3 台断路器，110kV 双母线失压；110kV 线路相间距离一段保护动作跳断路器。即在故障期间各继电保护装置动作行为均正确。

（2）直流电源系统分析。

1）系统组成及接线分析。该 330kV 变电站于 1995 年投入运行，期间经历 8 次改造，2003 年将全站直流系统改造为 2 组蓄电池、3 组充电装置供电方式；但 110kV 电压等级设备的直流系统供电方式始终没有进行改造，仅更换了直流总断路器，保持原有的直流母线单段运行方式，所有 110kV 电压等级设备的直流回路均由同一个直流总断路器供电，且未将控制和保护直流负荷分开，未按照辐射型

馈线供电，如图1-2所示。即直流电源系统接线不满足各项技术规范。

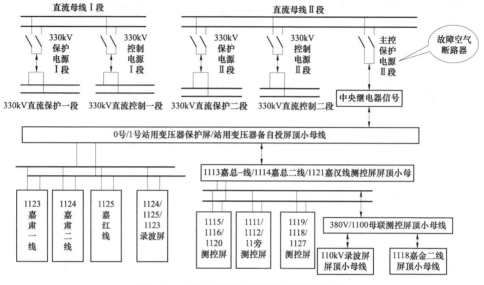

图1-2 110kV侧控制和保护直流馈线图

2）直流总断路器故障分析。本次事故中，由于直流总断路器故障，造成110kV电压等级设备的保护、控制直流电源全部失去，是导致事件扩大的主要原因。

110kV电压等级设备的直流总断路器为5SX52/C25型，自2003年投入运行以来直流总断路器处于长期运行。通过对故障直流总断路器通断试验和解体检查，发现直流总断路器的正极接触点烧损，负极接触点正常，初步分析直流总断路器故障原因为在长期运行情况下，因接触点接触不良，在运行过程中出现拉弧，最终导致正极接点烧损。

（3）现场调查分析。事故调查组核对了故障前后负荷曲线、运行方式及应急转带方案；调阅了调度监控系统对事件顺序记录、事故处理过程录音，审查了当天该地区检修调度命令票、工作票；对故障线路进行了现场勘查，查看了变电站直流电源回路、设计图纸、直流极差配置及容量，对损坏的断路器进行了通断试验和解体检查；分析了保护动作情况及故障录波报告。

三、故障处理过程

事故发生后，立即组织故障处置和供电恢复：

2014年6月18日17时32分，110kV故障线路转检修拆除彩钢板；

18 时 2 分，恢复 110kV 保护和控制直流系统；

18 时 4 分开始恢复供电；

18 时 30 分，110kV Ⅰ、Ⅱ母线恢复运行；

18 时 59 分，5 座铁路牵引变电站全部恢复供电；

20 时 25 分，110kV 各出线恢复运行，负荷全部送出；

22 时 50 分，110kV 故障线路完成故障抢修工作恢复送电。故障停电期间，该地区无人值守变电站全部恢复有人值守，95598 客户服务热线增设至满员值守接线，调集 2 台应急发电车对重要用户进行保电。

四、故障处理与防范措施

1. 故障处理

（1）直流供电方式不满足相关重大反事故措施要求。采用直流小母线环网供电，其中，330kV 侧电压等级是两段直流电源分别供电；110kV 侧电压等级是单段供电和直流总断路器接线方式，110kV 侧电压等级设备的保护、控制采用同一直流小母线。

（2）隐患排查不彻底。该变电站虽然经过 8 次改造，但均未对全站直流回路进行认真梳理和问题整改，遗留了严重隐患；且 110kV 侧直流回路中串接带熔断器的刀闸，在已退运的中央信号继电器屏内存在直流运行回路，增加了直流系统故障风险。

（3）现场图纸与实际不符。通过对设计图纸和现场核查，该变电站 110kV 侧电压等级设备的直流电源系统实际接线与设计图纸不符，给该变电站运维及事故快速处置造成了很大的困难。

该 330kV 变电站与 2 个 110kV 变电站构成三角环网运行，与另外 4 个 110kV 变电站构成四角环网运行。110kV 网供电方式基本为串联供电结构，供电距离长。110kV 变电站之间未形成有效的互供和转带，在该 330kV 变电站主变压器、110kV 母线 $N-2$ 故障和检修方式下情况下，极易造成多座 110kV 变电站全停，供电可靠性低。该地区 5 座牵引变电站均由同一电源供电，重要用户供电可靠性低。

本次事故中，彩钢板房距离线路超过 80m，虽然不在线路保护区内，但线路走廊附近发现多处个体企业工棚、厂房采用彩钢板房，抵御大风等灾害天气能力差，在强对流等灾害天气下，可能造成线路故障跳闸。

2. 防范措施

（1）立即开展直流系统专项隐患排查。深刻吸取该 330kV 变电站直流电源系统故障导致事故扩大、造成多座 110kV 变电站停电教训。

严格落实相关重大反事故措施要求，将 110kV 母联的控制、保护电源接入主变压器直流电源回路；110kV 电压等级设备的保护、控制电源分离，形成各自独立的直流回路；拆除 110kV 侧直流回路中串接带熔断器的隔离开关，将 110kV 侧电压等级设备的保护、控制电源由单段改为分段运行方式；将直流电源系统改造纳入技改项目，按照辐射状供电方式要求进行改造。

（2）加强二次设备运行维护管理。加强蓄电池、直流电源系统等定期巡视检查，开展低压直流断路器和接线端子红外测温，提前发现处理过热缺陷。

（3）完善变电站二次装置和回路、直流电源等辅助系统告警信息，及时消缺，保证重要信息上传到监控中心。

（4）新建变电站禁止使用交直流两用断路器，在运变电站采用交直流两用断路器的应进行专项直流性能验证，不满足要求的应尽快更换。建议蓄电池上口与直流母线相连接的保护电器采用直流断路器。

（5）加强变电站级差配合测试试验，验证直流断路器上、下级配合的合理性。

（6）全面排查输电通道安全隐患。吸取近期彩钢板造成故障短路教训，开展电力设施防外破和输电通道清障行动，确保电力设施运行安全。

（7）提高故障恢复和应急处置能力。加快落实电网规划项目，提高地区电网供电可靠性。结合区域电网及设备运行特点，完善事故应急预案和处置方案，加强电网应急处置调控运行、运维检修等各环节工作衔接，有针对性开展演练，提高应急处置、故障恢复能力，缩短故障状况下供电恢复时间。

案例3　330kV 变电站交流串入直流引发站内全停

一、故障简述

2011 年 8 月 17～19 日，某地区出现强降雨天气，总降雨量 79.9mm。其中，19 日降雨 32.7mm；与去年同期相比偏多 20%。由于雨水通过缝隙漏入传动箱后沿密度继电器电缆流入机构箱并淹入箱内温/湿度控制器造成交流电压串入直流回路，引发某 330kV 变电站 2 台主变压器高压侧 4 台断路器相继跳闸及该 110kV 母线失压。导致馈供的 15 座 110kV 变电站失压，其中，包括 2 座 110kV 铁路牵引变电站。

二、故障原因分析

1. 事故前运行方式

故障前，该 330kV 变电站 330kV 设备全接线运行，1、2 号主变压器并列运行，110kV 母线并列运行；全站 330kV 线路 2 回；330kV 接线方式为 3/2 接线，第一串为完整串，第三、四串为不完整串；主变压器 2 台；110kV 接线方式为双母线。站用直流电源系统辐射型供电，直流电源系统 Ⅰ、Ⅱ 母线分段运行。

2. 故障描述

事故前，3 时 14 分变电站站用直流电源系统 Ⅰ 段母线正接地，绝缘监察装置显示电压为"+25V，−202V"；3 时 39 分该 330kV 变电站 1 号、2 号主变压器高压侧 3310、3311、3330、3332 断路器跳闸。1、2 号主变压器及 110kV 母线失压。

事故后，现场检查保护动作信号发现 3311 断路器保护"非全相保护"动作，其余 3 台断路器本体"三相不一致"动作。4 台断路器三箱操作箱的跳闸指示灯亮，信息见表 1–1。

表 1–1 操 作 箱 信 息

跳闸断路器	操作箱主跳位置指示灯亮			操作箱副跳位置指示灯亮	
3311	TA	TB	TC	TA	TB
3310	TA	TB			
3332	TA	TB			
3330		TB	TC		

主变压器录波器数据显示 1、2 号主变压器高压侧断路器跳闸具体情况为：

3 时 39 分 52 秒 391 毫秒，3330 断路器 B 相、3330 断路器 C 相、3332 断路器 B 相、3332 断路器 A 相同时跳闸。

3 时 39 分 56 秒 251 毫秒，3332 断路器 C 相因 3332 断路器本体三相不一致保护动作跳闸。

3 时 39 分 56 秒 438 毫秒，3330 断路器 A 相因 3330 断路器本体三相不一致保护动作跳闸。

3 时 40 分 3 秒 916 毫秒，3310 断路器 B 相跳闸。

3 时 40 分 4 秒 315 毫秒，3310 断路器 A 相跳闸。

3 时 40 分 4 秒 535 毫秒，3310 断路器 C 相跳闸。

3 时 40 分 4 秒 195 毫秒，3311 断路器 C 相跳闸。

3 时 40 分 7 秒 11 毫秒，3311 断路器 A 相、B 相因 3311 断路器非全相保护动作跳闸。

现场对全站一次设备及其他二次设备检查无异常。

3. 故障原因分析

通过现场调查、试验验证和技术分析，导致事故发生的主要原因如下：

（1）110kV 断路器机构箱进水。该 330kV 变电站 110kV 线路 Ⅰ 间隔断路器的密封设计可靠性不高，断路器支柱绝缘子下法兰底面和底架（传动箱上表面）间仅采用现场安装时涂抹的密封胶作为防水密封，在断路器操作振动作用下，中相密封胶硬化开裂。

事故前该地区连日大雨，雨水通过缝隙漏入传动箱后沿密度继电器电缆流入机构箱并滴入箱内温/湿度控制器（该温/湿度控制器电源部分为 AC 220V，信号部分为 DC 220V），造成温/湿度控制器中交、直流回路间短路，温控器接线详见图 1–3，交流电压串入直流 Ⅰ 段，造成接于直流 Ⅰ 段的 2 台变压器非电量出口中间继电器（主跳）接点抖动并相继出口跳闸。

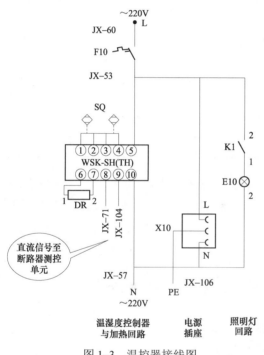

图 1–3　温控器接线图

图 1–4　进水缝隙

（2）交流电源串入直流回路原因。由于雨水从底架缝隙处渗入，进水缝隙详见图 1–4，沿 SF_6 密度继电器信号电缆，从断路器顶部穿管进入机构箱，滴到机构箱温/湿度控制器上，温/湿度控制器的外壳为非密封结构，内部电路板交、直流引线布置不合理且无隔离措施，进水后交、直流之间短路引起直流电源系统 Ⅰ 段接地并使交流 220V 电源串入直流 Ⅰ 段系统。为此，现场做了详细的试验分析。

交流电源串入直流回路的试验分析如下：

1）试验目的。为考察操作箱内跳闸出口继电器 TJR、TJQ 及非电量跳闸中间继电器 ZJ，在交流电串入直流情况下的动作情况，结合变电站现场实际情况设计模拟实验。

2）验证原理。交流串入直流正极后，因为电池组内阻很小，交流信号近似认为串入直流负极，串入的交流干扰在电缆分布电容的作用下施加于跳闸继电器，可能影响跳闸继电器动作行为，验证原理详见图 1–5。

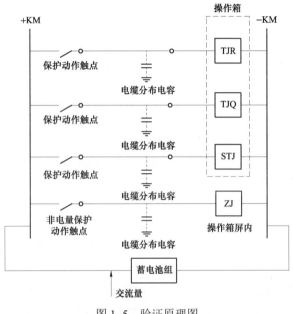

图 1–5 验证原理图

3）试验过程。断开操作箱屏直流电源，采用外接试验直流电源供电（此直流工作电源为对地的悬浮电压）；断开屏内照明用交流电源的地线，从交流 L 端串联照明灯泡作为测试线，间歇与屏内直流正极+KM 端短接，模拟交流串入直流现象，用万用表监视被测试继电器的干扰电压情况，观察继电器动作、断路器跳闸情况。

4）试验数据见表 1–2。

表 1–2　　　　　　　　　　　试 验 数 据 表

被测试继电器	外电缆回路情况	继电器干扰电压量	动 作 情 况
非电量中间跳闸继电器 ZJ	连接	交流 64V	ZJ 发出连续响声，ZJ 动作，触点闭合，断路器跳闸

被测试继电器	外电缆回路情况	继电器干扰电压量	动 作 情 况
非电量中间跳闸继电器 ZJ	断开	0V	
操作箱内跳闸出口继电器 TJR	连接全部电缆	交流 35V	继电器无触点抖动声音,继电器不出口
操作箱内跳闸出口继电器 TJR	断开与主变压器保护屏间电缆,护屏、失灵保护之间电缆	交流 9V	
操作箱内跳闸出口继电器 TJR	断开全部电缆	0V	

5）试验结论。从表 1–2 中的试验数据分析，在以上模拟交流串入直流的试验中，ZJ 在试验条件下受到交流量干扰出口跳闸。

3. 主变压器 330kV 断路器跳闸原因

该 330kV 变电站 1、2 号主变压器保护及 330kV 断路器操作箱电源采用双重化配置，正常方式下断路器主跳回路接于直流电源系统的Ⅰ段母线、副跳回路接于直流电源系统Ⅱ段母线，主、副跳任何一个跳闸回路动作，均能造成断路器跳闸。3311，3310、3330、3332 断路器为 1、2 号主变压器的高压侧断路器，当交流电串入直流电源系统Ⅰ段母线后，在 330kV 断路器操作箱屏主变压器非电量出口中间继电器与电缆对地等效电容之间形成分压（模拟实验时稳态交流有效值达 64V，波形为不对称半波，达到继电器动作值）主跳回路中间继电器动作，断路器主跳出口跳闸（由于交流分量激励作用，继电器触点连续抖动，断路器三相跳闸不同步）。

线路断路器操作箱屏未使用该中间继电器，故其他 330kV 断路器未跳闸。

三、故障处理过程

1. 主变压器非电量保护及二次回路检查

从跳闸情况分析，全站只有 2 台主变压器高压侧的断路器跳闸，而线路断路器无异常，且在跳闸前，该 330kV 变电站发生直流电源系统正极接地，考虑主变压器与线路保护的区别以及天气状况影响，确定全面检查主变压器保护及相关断路器二次回路电缆绝缘，检查结果绝缘良好。

2. 直流电源系统检查

跳闸前，直流Ⅰ段母线正极接地，跳闸后，运行人员进行了隔离。对直流接地情况进行检查，接地点在 110kV 线路Ⅰ断路器操动机构内的温/湿度控制器，打开温/湿度控制器外壳时，有积水流出，拆除温/湿度控制器直流电源后，直流接地消失。现场检查 110kV 线路 I 间隔断路器机构箱密封条完好，箱体外壳无漏水，接入机构箱下部的二次电缆封堵完好，经对该断路器机构箱上部防水措施进行检查，发现断路器支柱绝缘子下法兰底面与底架（传动箱上表面）间有缝隙，雨水通过底架沿密度继电器电缆渗入机构箱。

3. 断路器操作箱出口中间继电器检查情况

用直流试验电源带 3332 断路器、操作箱屏，并在电源+KM 处叠加交流 220V 电源，中间继电器 ZJ 触点连续抖动且存在出口现象，跳开 3332 断路器。

四、故障处理与防范措施

1. 故障处理

（1）110kV 线路 I 间隔断路器存在设计和安装质量缺陷。支柱瓷套底法兰与底架密封设计不合理，密封胶易老化失效，密封可靠性不高；机构箱内温/湿度控制器交、直流端子布置不合理且无有效隔离措施，进水或凝露受潮情况下有可能导致交流串入直流回路。

（2）运维单位隐患排查不彻底。虽然进水缝隙在断路器支柱绝缘子下法兰处，地面不易观察，但机构箱进水现象已存在一段时间，说明运维单位隐患排查不细致、不彻底，对公司防止变电站全停隐患排查治理的要求没有完全落实到位。

（3）设备巡视检查不细致，运维针对性不强。变电站机构箱、端子箱等"五箱"防潮、防雨措施巡视检查不细致，运行人员未及时检查发现机构箱内存在的进水痕迹，进而发现断路器机构箱密封不良的设备缺陷。

2. 防范措施

（1）立即开展针对雨季机构箱、端子箱、电缆沟进水情况的专项排查；在全省范围内开展断路器密封结构存在的问题，采取针对性反措整改，对传动箱与机构箱之间的电缆穿孔进行可靠封堵，消除隐患。

（2）修正断路器运维手册，在例行检查、维护项目中增加密封性检查项目。

（3）对全省断路器机构箱温湿度控制器接入直流情况开展排查，分析温/湿度控制器原理结构存在的安全隐患，加装中间继电器进行隔离。同时举一反三对有可能引起交、直流混串的其他设备和回路进行彻底排查，并采取有效隔离措施。

案例 4　某电厂升压站交流窜入直流系统造成重大电网事故

一、故障简述

1996 年 5 月 28 日 11 时 59 分，华北某发电厂高压试验人员在升压站 220kV

设备区进行 2200 甲断路器试验时，将 AC 220V 电源误接入站内直流电源系统，造成 3 条 500kV 线路先后掉闸，导致张家口地区 220kV 系统与华北主网之间发生振荡，最终华北发电厂 A 及张家口地区的华北某发电厂 B（装机容量为 440MW）两个电厂全厂停电。

二、故障分析原因

1. 事故前运行方式

故障前，华北某发电厂 A，在 20 世纪 90 年代，既是京津唐电网的一座主力电厂，同时也是华北电网中联系蒙西电网和京津唐电网枢纽的升压站，该厂升压站共有 3 条 500kV 出线，分别为沙昌 Ⅰ、Ⅱ 线及丰沙线。通过该厂升压站的一台 360MVA 的 500/220kV 联络变压器，构成了华北 500kV 主网与张家口地区的 220kV 系统之间的联络。华北发电厂 B 厂升压站 500kV 线路 Ⅱ 线计划检修，其余为正常方式。

2. 故障描述

华北发电厂 A 高压试验人员在做 220kV 断路器试验时，误将交流工频电压接入直流电源系统，第 1 次试验合断路器，造成 500kV 沙昌 Ⅱ 线该电厂侧断路器在 11 时 50 分 19 秒时跳闸；11 时 50 分 19.87 秒，500kV 丰沙线该电厂侧断路器跳闸。第 2 次试验合断路器，造成 500kV 沙昌 Ⅱ 线该电厂侧断路器在 11 时 57 分 14 秒时跳闸。3 条 500kV 线路相继跳闸后，地区电网稳定遭到破坏，引起张家口地区对主系统电网的振荡，振荡持续 1min 44s。振荡过程中，华北发电厂 A 4 台机组超速保护动作相继跳闸。华北发电厂 B 也因超速保护、发电机过负荷或负序过负荷手动打闸等原因相继跳闸。华北发电厂 A、B 全停。

3. 故障原因分析

（1）事故直接原因：高压试验人员误将试验装置的交流电源线接错。交流窜入直流电源系统造成保护误动机理图，详见图 1-6。

（2）三回 500kV 线路跳闸的主要原因是：华北发电厂 A 高压试验人员做 220kV 断路器试验时，从 220kV 2245 断路器端子箱取交流试验电源，误将端子箱内的直流电源正极认为是交流电源的中性线，并接入试验电路，使得交流工频电压串入升压站直流电源回路。当第 1 次合入试验用线轴断路器时，导致沙昌 Ⅱ 号线、丰沙线保护动作跳闸，约 5min 后又第 2 次合上线轴断路器，导致沙昌 1 号线（最后一条线）保护动作跳闸，造成在一个升压站内 500kV 线路全部跳闸，致使电磁环网中的潮流大转移，系统稳定破坏，从而使两个电厂全停。这次事故是一次人为误操作引起的系统振荡事故。

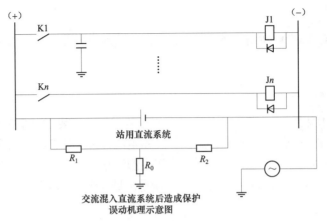

交流混入直流系统后造成保护
误动机理示意图

图1-6 交流窜入直流系统造成保护误动机理示意图

三、故障处理过程

（1）直接跳闸继电器回路。在二次回路中，特别是采用长电缆连接直接跳闸回路的继电器，采用动作功率较大的继电器，使继电器开始动作时的临界功率（指直跳回路的启动功率）不小于 5W，动作时间不宜过快，可以有效防止由于长电缆分布电容影响和交流串入直流回路时的误动出口，提高保护回路的抗干扰能力。

（2）在端子排设计时，应将交流信号接入端子与直流信号接入端子之间的间距满足相关技术规范。

（3）在调试及施工过程中应特别注意防止交流窜入直流，采取必要的防范措施。

四、故障处理与防范措施

（1）2005 年《××公司十八项电网重大反事故措施》提出应加强对直流系统的管理，防止直流系统故障，特别要重点防止交流电窜入直流回路，造成电网事故，明确地将防止交流电窜入直流系统作为直流系统管理的重要内容之一。

（2）2012 年，公司发布的《××公司十八项电网重大反事故措施》提出新建或改造的变电站，直流系统绝缘监测装置应具备交流窜入直流故障的测记和报警功能。原有的直流系统绝缘检测装置，应逐步进行改造，使其具备交流窜入直流故障的测记和报警功能。

（3）2014 年国家能源局《防止电力生产事故的二十五项重点要求》提出，新建或改造的变电站，直流电源系统绝缘监测装置，应具备交流窜直流故障的测记和报警功能。原有的直流电源系统绝缘监测装置，应逐步进行改造，使其具备交流窜直流故障的测记和报警功能。

案例 5　某 220kV 变电站蓄电池异常造成站内全停事故

一、故障简述

2013 年 4 月 29 日 14 时 52 分，因雷击导致南方电网某 220kV 变电站占用变压器供电瘫痪，直流充电装置被迫停止工作；蓄电池异常，其直流电源系统电压不稳，站内其他断路器无法正常跳闸，越级至上级电源线路跳闸，导致该变电站全站失压。事故造成该区域 4 个 110kV 变电站失压及毕节区域 1 个 110kV 变电站失压。

二、故障原因分析

1. 系统组成

该 220kV 变电站直流电源系统采用"两电三充"配置；配置 2 组蓄电池，每组 104 只，容量 300Ah。故障前，两组蓄电池为浮充运行方式。距事故发生时间已近 7 年。

2. 故障描述

2013 年 4 月 29 日午后，故障变电站区域处于雷雨冰雹强对流天气，区域内雷电活动频繁，雷电定位系统显示以故障变电站为中心 5km 范围 14 时 47 分至 14 时 57 分期间，共落雷 4 次，雷电流为 8.1～26.7kA。雷电定位系统图，详见图 1–7。

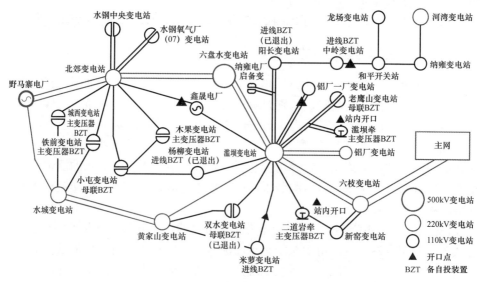

图 1–7　雷电定位系统图

因雷击，该 220kV 变电站的 110kV 两段母线相继发生三相故障，由于该变电站直流电源系统异常，站内其他断路器无法正常跳闸，越级至上级电源线路跳闸，导致该变电站全站失压。

从 500kV 六盘水变电站 220kV 盖滥Ⅱ线的故障电流及 110kV 杨柳变电站 110kV 滥杨线电压、电流波形分析，推断故障过程如下：

0ms：220kV 滥坝站 110kV 滥二线进线门型架高跨连接处三相绝缘子受雷击，发生拉弧；

2222.4ms：110kV 滥二线 A 相绝缘子拉弧后，门型架上的吊环烧脱掉至地上；

2588.1ms：110kV 滥二线 B 相绝缘子拉弧后，门型架上第 7 片绝缘子脱落，引线掉至地上；

3386.3ms：滥二线 A、B 相引线掉落至 110kVⅡ母引起母线三相短路。

事件造成六盘水区域 4 个 110kV 变电站失压及毕节区域 1 个 110kV 变电站失压。

3. 故障原因分析

（1）雷击。该 220kV 变电站 110kV 滥二线进线门型架高跨连接处遭雷击，使三相高跨引线绝缘子串击穿，A、B 相绝缘子掉串，C 相绝缘子串第一片瓷裙炸裂，整串绝缘子贯通性闪络，即高跨引线脱落搭接在 110kVⅡ母线三相上，造成 110kV 两段母线相继发生三相短路，110kV 设备区雷击示意图，详见图 1-8。

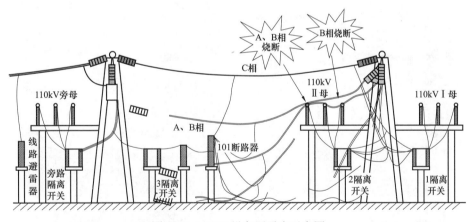

图 1-8　110kV 设备区雷击示意图

（2）蓄电池异常。该站 110kV 侧两段母线发生三相故障后，10kV 电压下降，直流充电装置退出运行。110kV 侧母线保护动作，但因蓄电池异常，使直流母线电压不稳定，造成站内多个 110kV 断路器未跳开。故障由该站 220kV 出线对侧某500kV 变电站的 220kV 线路后备保护动作切除，使该 220kV 变电站全站失压。

现场对故障蓄电池解剖分析：

1）对第一组蓄电池中电压较差电池 81、38 及 99 号电池进行解体分析发现，该 3 只电池都出现负极汇流排与部分极耳连位置严重腐蚀呈海绵状甚至脱离的情况（大部分是受腐蚀损坏，少部分是解剖时受外力断裂），蓄电池解体检查详见图 1-9。

a. 负极汇流排表面被白色 $PbSO_4$ 结晶体覆盖，以 81 号电池最为严重。

b. 正极板栅出现腐蚀变脆，活性物质硫化变硬并出现脱落；负极板活性物质状态仍然良好并具有金属特性。

2）对正负极硫酸铅成分进行化验情况：正极：$PbSO_4$ 含量为 30.62%；负极：$PbSO_4$ 含量为 26.04%（正常值应低于 15%）。

3）负极极耳成分化验显示出现钙化现象：Ca%含量 0.112%（参考值 0.08%），引起极耳变脆，容易因受外力冲击引起断裂。

4）检测 3 只电池酸密度，测试值均为 1.29g/mL。

经对 81 号电池现场解剖可知，正极有 11 片跟汇流排连接，负极有 12 片跟汇流排连接。负极汇流排与负极极耳连接处腐蚀严重，直接导致大部分负极极耳与负极汇流排脱离。从拆后的痕迹大致可以判断，4 片尚存部分连接，其余 8 片均已自然腐蚀断开。正极板硫化严重（已经很脆无韧性）。

图 1-9　蓄电池解体检查

再对情况稍好的 38 号电池进行解剖，和 81 号电池情况基本类同，负极板汇流排同样已经炭化脱落。

据此解剖分析，该 220kV 变电站发生故障后蓄电池在供电期间，因蓄电池内部腐蚀严重，性能降低，导致直流母线电压降低，造成该 220kV 变电站全站失压。

（3）备自投故障引发事故扩大。滥坝变电站 110kV 侧失压后，小屯变电站备自投动作（平时为了防止杨柳变电站失压，未切小柳线进线断路器），将滥坝变电站 110kV 侧的故障点延伸至 110kV 杨柳变电站、小屯变电站倒至北郊变电站。由于滥二线 A、B 相引线烧断往下掉的过程中，小杨线和滥杨线线路保护出现零序电压而无零序电流（三相电压不平衡），小屯变电站、杨柳变电站保护装置判 TV 断线，闭锁杨柳变电站滥杨线、小屯变电站小杨线距离保护（PT 断线过电流保护功能未投），导致北郊变 1 号主变压器后备保护越级动作，造成北郊变电站 110kV 系统失压，扩大了事故。

三、故障处理过程

1. 故障检查情况

（1）一次设备检查情况。在该 220kV 变电站一条 110kV 线路进线门型架的高跨引线三相瓷绝缘子串击穿，导致 A、B 相掉串，C 相绝缘子串第一片瓷裙炸裂，整串绝缘子贯通性闪络，有 2 根避雷线中有一根完好，另一根（C 相导线上方）在垂直方向距挂点处约 0.8m（并沟线夹）和水平方向距挂点处约 1m 处烧断，A 相高跨引线从绝缘子挂点烧断脱落，B 相高跨引线从绝缘子下端连接金具处烧断脱落。A、B 相进线高跨引线在进线龙门架掉串及断线图，详见图 1-10。

图 1-10 A、B 相进线高跨引线在进线龙门架掉串及断线图

（2）蓄电池外观检查。对折除下来的故障蓄电池单体的外观进行检查未发现异常现象。蓄电池外观详见图 1-11。

对折除下来的故障蓄电池内阻进行测量发现异常。蓄电池内阻测量异常详见图 1-12。

2. 故障蓄电池返厂解剖检测

对该站在运的第一组蓄电池中 81、38、99 号电池和第二组蓄电池中 68、104 号电池返厂进行解剖，解剖分析情况反馈如下：

图1-11 蓄电池外观

图1-12 蓄电池内阻测量异常

（1）对故障蓄电池的开路电压、电阻分别进行了测试，结果见表1-3。

表1-3  测试结果

组号	电池单体号	电池开路电压（V）	内阻
第一组	81	1.764	大于3Ω
第一组	38	2.155	2.08mΩ
第一组	99	2.130	14.14mΩ
第二组	68	1.833	大于3Ω
第二组	104	2.119	大于3Ω

（2）解剖后的电池返回现场后，再对解剖后的电池进行气密性检测，结果合格，均未发现漏气漏液现象。

四、故障处理与防范措施

1. 故障处理

（1）严格按时按要求对蓄电池组进行核对性充放电试验和内阻测试，并永久保存试验结果和历史试验数据，包括核对性放电曲线及放电过程数据、内阻测试数据等，对电压异常或内阻偏高的电池单体单独取出进行单体充放电活化。

（2）对于长期浮充运行作为备用的蓄电池组，用户应定期（每个月）监测及记录各电池的浮充电压或内阻，若发现某些电池的电压有分化迹象时（浮充电压最大值与最小值差超过0.12V）或某些电池的内阻超出正常值20%～50%时应及时采取均充措施，可以消除硫酸盐化带来的钝化副作用，并能提高整组电池的一致性。重点关注对运行5年以上的蓄电池组，认真分析分析其核对性充放电试验

和内阻测试的历史数据。

2. 防范措施

（1）参考相关国标、行标中内容，认真评价蓄电池组配置的电池巡检仪、蓄电池核对性放电仪、蓄电池内阻测试仪等设备的功能性和有效性。

（2）根据公司要求在新建的厂站设计配置有两套蓄电池组的，使用不同厂家的产品；对已运行的，配置有两套同厂家、同批次生产的蓄电池组的厂站，各单位可根据实际情况安排站间蓄电池组的调换，以实现在运变电站配置两组不同厂家的蓄电池。

（3）在设置电池组参数时，建议电池组的充电电压不宜设置偏高。当环境温度为 20℃时，均充电压为 2.35V PC，浮充电压为 2.27V PC；若环境温度不是基准温度时，则应设置温度补偿，补偿系数为 ±0.005V/单体（即，温度每上升 1℃，电压需相应减少 0.005V/单体；温度每降低 1℃，电压需相应增加 0.005V/单体）。

（4）对于长期浮充备用的电池组，建议用户每年对电池组进行 1 次均衡充电与放电，以保证其电压的一致性及其内部活性物质的活性，防止少数电池因长期处于欠充电而出现电压偏低的现象。

案例 6　110kV 变电站直流电源设备缺陷造成保护越级跳闸

一、故障简述

某 110kV 变电站事故当日 6 时 47 分，站内监控装置报警站内站用电源退出，当值运行人员得知情况，现场检查发现该站站用电源失压，且低压空气断路器合闸后接触器无法吸合，站用电系统无法恢复，直流电源系统充电装置交流电源失去；30 号电池单体开路，全站直流母线失压，站内保护自动化装置均退出运行。

二、故障原因分析

1. 故障前运行方式

该 110kV 变电站设备全接线运行，进线 1 带 110kV Ⅰ 母线、1 号主变压器，进线 2 带 110kV Ⅱ 母线、2 号主变压器运行，110kV 母分处热备用状态，配置 110kV 备用电源自投装置。其中，1、2 号主变压器两侧分列运行，全站的站用电负荷为 1、2 号站用变压器供电。

该 110kV 变电站站用直流电源系统采用"一电一充"模式。配置 1 套充电装置，双路交流进线切换装置；1组蓄电池，个数56只，容量300Ah。蓄电池组已投产运行8年。

2. 故障描述

事故发生当日，当值运行人员经检查发现站用电源备自投回路两只控制熔丝均熔断，在更换熔丝后站用电源恢复供电，直流电源系统恢复供电。在蓄电池充电过程中发现30号蓄电池单体电压异常，初步怀疑该电池已损坏。

10时30分，经申请调度同意后对30号蓄电池进行拆除处理，取下蓄电池总熔丝，拆除工作开始。

10时47分，调度遥控合闸10kV某线路（之前跳闸10kV线路），合闸后该10kV线路存在故障点，10kV Ⅱ段母线瞬时低压，造成站用电交流电源屏2号进线开关低压脱扣动作，站用交流电源屏Ⅱ段母线再次失压，直流母线出现再次失压，其原因是蓄电池控制熔丝取下未恢复，蓄电池无法对直流母线负荷放电，此时，该变电站所有保护退出运行而无法切除故障，导致110kV进线2对侧220kV变电站的110kV出线线路断路器跳闸，使该变电站110、35、10kV Ⅱ段母线失压。

3. 故障原因分析

（1）10kV某线路故障，使10kV Ⅱ段母线电压降低，站用电交流电源屏2号进线断路器低压脱扣，而此时备用电源自动投入回路控制保险熔丝RD1、RD2均熔断，熔断原因不明，导致备自投功能失效，同时1号进线低压接触器失电断开，全站站用电源消失。

直流电源系统充电装置交流电源失去，蓄电池组放电，从站内相关保护动作情况及监控系统信息可知，因蓄电池组中30号电池单体开路造成蓄电池组放电过程仅维持几秒后全站直流电源消失。

（2）该站用交、直流电源系统恢复后，在对30号蓄电池进行拆除及线路恢复送电过程中，由于操作错误，使10kV Ⅱ段母线电压降低。站用电屏2号进线断路器再次低压脱扣，由于站用电源备自投装置未动作，导致380V Ⅱ段母线失压，进而直流充电装置电源消失，最终导致全站直流电源失去。保护设备退出运行，站内相关线路、主变压器保护无法动作导致上级变电站110kV线路保护动作，110kV出线线路断路器跳闸。

经检查发现站用电交流电源屏2号进线接触器辅助接点故障，动作不到位，使得在2号进线失电情况下备自投装置未能可靠动作，2号进线失电备自投装置回路，详见图1-13。2号进线接触器辅助接点经调整后动作正常，站用电源备自投试验正常。

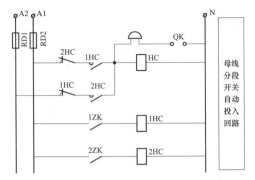

图1-13　2号进线失电备自投装置回路

三、故障处理过程

1. 外观检查情况

（1）直流电源系统蓄电池组无外观异常现象。

（2）运行人员到达现场后，站用电源系统设备状态为站用电电源屏2号进线断路器2ZK脱扣、1号进线断路器1ZK合闸，1号进线接触器1HC、2号进线接触器2HC及分段接触器HC断开，一次系统接线详见图1-14。

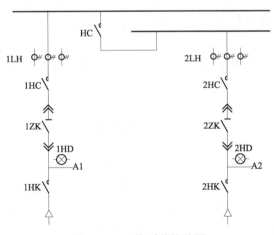

图1-14　一次系统接线图

（3）检查备用电源自动投入回路，发现控制保险熔丝RD1、RD2熔断，备用电源自投装置回路，详见图1-15。

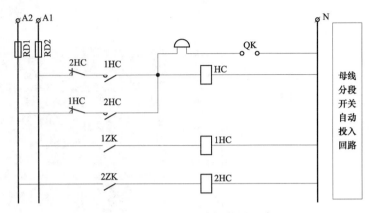

图 1-15　备用电源自投装置回路

2. 蓄电池试验检测情况

对蓄电池组异常单体 30 号电池进行电气检测，发现 30 号电池处于开路状态。将蓄电池组异常单体 30 号蓄电池拆除后，再检查蓄电池合格。

四、故障处理与防范措施

1. 故障处理

（1）调整 2 号进线接触器辅助接点，动作正常，站用电备投功能经切换试验动作正确。

（2）拆除蓄电池组 30 号电池，保留 55 只电池运行，后经放电试验正常。

（3）拆除站用电低压断路器低压脱扣功能，防止线路故障情况下导致站用电低压断路器脱扣。

（4）对直流、站用电系统进行切换试验，情况正常，并与主站核对相关信息均正确。

2. 防范措施

安排一次变电站站用电、直流电源系统的排查，以差异化管理要求梳理设备、接线、图纸、配件等资料，具体如下：

（1）对有低压脱扣回路，且不满足 3～5s 延时的低压空气断路器，均拆除其低压脱扣回路。

（2）梳理核对变电站站用电接线方式和备用电源自动投入装置动作逻辑，绘制各变电站站用电备用电源自动投入装置控制接线图或逻辑框图，并以固定格式张贴于站用电屏上。

（3）排查蓄电池运行情况，特别对运行时间 8 年及以上的蓄电池近期进行一次核对性充放电试验，发现异常及时更换。

（4）严格按照变电运行管理规范要求，每季度对站用电、直流电源系统进行一次定期切换试验，并对发现问题及时处理。

（5）做好直流检修工作的事故预案和危险点分析工作，对于可能造成直流全停的蓄电池拆除和更换等工作应做好防范措施，不得将蓄电池组直接退出造成直流电源系统失去蓄电池运行。

案例7　500kV变电站直流系统接地导致断路器无故障跳闸

一、故障简述

2009年9月25日14时20分，某500kV变电站主控室警铃响，控制台上"110V绝缘检测报警""110V直流故障"光字牌亮，初步判断为直流系统110V直流Ⅱ母接地。

保护专业人员配合运行人员全面排查后，发现50532刀闸机构箱内电缆芯线接地，造成110V直流Ⅱ段母线发生正接地及直流Ⅰ段母线电压波动幅度较大；使5041、5042断路器第一套短线保护跳闸中间继电器误动作，致使5041、5042断路器无故障跳闸。

二、故障情况检查

1. 外观检查情况

（1）现场保护检查：500kV肥繁5304线RCS−901D方向高频和SEL−321高频距离两套主保护均无跳闸信息，500kV故障录波器无录波信息，肥繁5304线路无故障，5041及5042断路器属于无故障跳闸。检查还发现，在肥繁线5041断路器保护屏上，第一套短线保护跳闸信号继电器掉牌。

（2）5041、5042断路器跳闸后对110V直流母线电压检查，其中，110V绝缘监察装置偏移20V报警见表1−4。

表1−4

检测位置	110V直流母线电压（V）	断路器跳闸后110V直流母线电压（V）
Ⅰ段正极	+75～+65	+60～+85
Ⅰ段负极	−39～−49	−27～−50
Ⅱ段正极	+72～+59	0
Ⅱ段负极	−42～−53	−110

（3）现场设备检查：RG41 开关保护屏短线保护出口中间继电器背板线有黑迹，其他情况正常。

2. 试验检测情况

（1）直流系统检查试验。

1）对 DC 110V Ⅰ、Ⅱ 母线检查试验。Ⅱ 段母线正电源为+0.4V，负电源为－116V；Ⅰ 段母线正电源在+60～+85V 范围内波动，负电源在－27～－50V 范围内波动；可判断 110V 直流Ⅱ段母线发生正接地，直流Ⅰ段母线电压波动幅度较大。

2）对 500kV 保护直流电源分屏（三、四）DC 110VⅡ段母线部分进行拉路检查试验。对 5322 线路第二套分相电流差动保护直流电源 5308 线路第一套分相电流差动保护直流电源检查，没有发现直流接地消失现象，直流故障光字牌仍在。

3）对 500kV 保护直流电源分屏（二）DC 110VⅡ段母线部分进行拉路检查试验。对 500kV ⅠⅠDM 录波器直流电源；500kV 行波测距屏直流电源等 11 项保护装置直流电源检查，也未发现直流接地消失现象，直流接地光字牌仍亮。

4）对整个 500kV 线路刀闸（1 个总刀闸）直流电源进行拉路检查试验。在做好相应安全措施后，现场决定对整个 500kV 线路刀闸（1 个总刀闸）重动继电器直流电源进行拉路，发现直流故障消失。为缩小范围，确定接地点准确位置，进一步对所有 500kV 线路刀闸重动继电器直流电源进行逐项拉路，发现 50532 刀闸 A 相机构箱至 B 相机构箱的联接电缆线有接地；对绝缘进行检查，绝缘至零；重新更换故障电缆后，刀闸机构箱内接地现象消失，50532 刀闸辅助接点接地点同时消除。

（2）保护装置检查试验。

1）与短线保护装置相关接口的绝缘检查。5041、5042 断路器短线保护装置二次接线，详见图 1-16。

a. 将 500kV 直流电源分屏上肥繁线 5041 断路器保护屏上的电源开关拉开，5041 断路器保护屏上的直流电源空气断路器拉开，失灵保护装置电源开关拉开，第一套短线保护的逆变电源拔出；将第一套短线保护的掉牌信号继电器和跳闸中间继电器的外回路断开后，用 500V 绝缘电阻表对其动作线圈及屏内配线进行对地绝缘测量，发现绝缘瞬时至零，约 1s 绝缘电阻恢复到 6～7MΩ。

b. 将第一套短线保护跳闸中间继电器的负电源端与重合闸中间继电器的负电源端断开后，绝缘电阻在 2MΩ 以上。

c. 再将重合闸中间继电器的负电源端与失灵跳闸中间继电器的负电源端断开后，第一套短线保护跳闸中间继电器与重合闸中间继电器的绝缘电阻恢复正常，同时发现失灵跳闸中间继电器的负电源端存在电位，用万用表测量后发现有 20.7V 的电位，经 5～6s 后衰减至零。

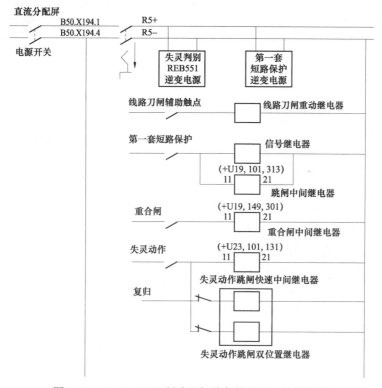

图 1-16　5041、5042 断路器短线保护装置二次接线图

2）对保护跳闸中间继电器检查。该继电器型号为 RXMS 1。继电器动作值校验为 74V（直流电源电压的 55%～110% 范围内动作），返回值为 43V，故该继电器经检查及校验无异常。

三、故障原因分析

（1）根据现场对该站的直流电源系统试验结果以及对与短线保护装置相关接口的绝缘检查试验结果，初步分析如下：

由于 50532 刀闸机构箱内电缆芯线接地，造成 110V 直流 Ⅱ 段母线发生正接地；在拉路（逐条直流馈线）检查过程中两组直流电源系统并列，直流 Ⅰ 段母线电压波动幅度过大造成 5041、5042 断路器第一套短线保护跳闸中间继电器误动作，致使 5041、5042 断路器无故障跳闸。

（2）为进一步检查该直流 Ⅰ 段母线电压异常波动的原因以及短线保护动作的具体原因，再次进行了细致深入的检查，分析研究后结果：

1）直流母线电源电压异常波动是由于两段直流母线利用间断切换的方式共用一套绝缘巡检装置造成，该装置切换周期约 5s，直流母线电源电压波动范围正极为 54～76V，负极为−39～−55V。将该装置解除后正、负极电源电压没有波动（正极电压稳定为 66V，负极稳定为−50V），且经专用仪器检测直流系统绝缘良好，直流系统已不存在其他的直流接地点，正负极对地接地电阻均在 2MΩ 以上。

2）从对短线保护装置检查情况来看，5041、5042 断路器短线保护出口中间继电器支路存在较大的杂散电容（该支路由于运行年限较久，灰尘较多），实测约为 1μF（包括继电器两侧对地的分布电容），直流电源系统故障支路及短线保护中间继电器支路接线，详见图 1-17。

3）50532 刀闸机构箱内二次电缆绝缘破损造成直流Ⅱ母线正极接地，导致Ⅱ段母线负极电压变为−116V，Ⅰ段母线负极电压由于绝缘巡检装置不停切换的原因在−27～−50V 的范围内波动。

由于在检查接地点过程中怀疑是Ⅱ母蓄电池组的问题，需要将Ⅱ母蓄电池组解除，当将Ⅱ段母线并列至Ⅰ段母线瞬间，Ⅰ段母线负极电压变为−116V，而中间继电器左侧暂态电压由于电容效应不能突变，仍在−27～−50V 的范围内波动，导致中间继电器两端暂态电压差达到 66～89V，造成短线保护中间继电器极有可能在其 74V 动作电压下动作断路器跳闸，且动作概率至少达到了 65.2%。

四、故障处理与防范措施

1. 故障处理

（1）该变电站两段直流母线采用一套绝缘巡检装置，配置不合理（应采用一段直流母线配一套绝缘巡检装置的配置），在未予以更换前，运行中应加强巡视，严格注意直流母线电压变化情况，在两段直流母线需要并列运行时，应首先断开绝缘巡检装置的工作电源，并确认正、负极直流母线对地电压是否平衡（电压绝对值之差一般应小于 20V），且并列操作时的电压跃变应小于 55%×110V，杜绝将一段直流母线接地后并列至另一段正常运行的直流母线上。

（2）由于在查找接地点的过程中缺乏相应的带电检测设备和手段，采用了拉路及并联两段母线的方法，容易造成一段母线内两点接地或者继电器两端暂态电压差较大。建议今后充分使用抗分布式电容接地电阻探测仪来诊断定位直流系统接地现象。

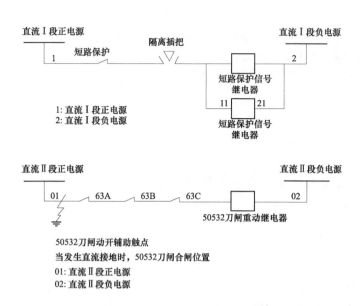

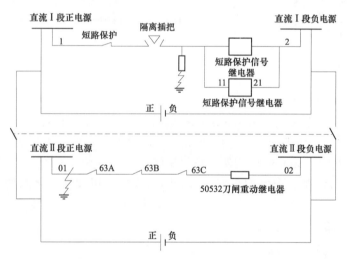

图 1-17　直流系统故障支路及短线保护中间继电器支路接线图

2. 防范措施

（1）加强直流系统相关知识培训，查找接地时做好与运行人员配合，严格按照直流系统运行规程进行，采取拉路寻找直流接地时一定要做好安全措施，防止保护误动作。两组直流系统母线及对地电电压存在较大偏差时，严禁并列。

（2）加强继电保护设备定期检验，相应对二次回路进行绝缘检查，特别关注经保护室至开关场长电缆的绝缘，发现问题，及时处理。

（3）结合一次、二次设备技改更换，对运行时间大于10～15年的二次电缆，特别是在室外电缆沟运行的电缆，无论其运行状态如何，均进行更换。

（4）加强对室外端子箱、断路器机构箱、隔离刀闸接线盒等室外设备中二次线的绝缘检查维护，防止此类设备中二次回路直流接地。

（5）对引起5304线路跳闸误跳的中间继电器进行重点排查、测试，对此次误动作的回路进行模拟试验，进一步查找原因。

案例8　变电站直流接地导致 500kV 母线停电事故

一、故障简述

2006年6月12日22时21分24秒，某500kV变电站500kV Ⅰ、Ⅱ号母线1套母线微机保护中的失灵直跳功能出口动作，跳开500kV两段母线上的全部开关，500kV母线停电。经分析，主要是由于第二组直流电源系统一点接地，引发了500kV母线微机保护装置内光耦误动作，失灵直跳功能的开入回路导通，引起出口跳闸事故。

二、故障原因分析

1. 系统组成及运行方式

该500kV变电站系统采用3/2主接线，终期规划七串，目前已建设六串。500kV系统的继电保护、故障录波、测控单元等二次设备屏（柜）体分别布置在三个保护小室中。其中，500kV母线保护布置在第二保护小室，各串开关的断路器失灵保护屏分别布置在三个保护小室中。断路器保护与母线保护之间的连接电缆沿1～2、3～2小室间电缆沟敷设，距离较长，约100m，电缆芯线对地（电缆屏蔽层）存在较大的分布电容。

2. 故障描述

（1）外观检查情况。调取13日晚模拟第二组直流接地试验期间的监控信息，显示500kV Ⅰ母保护失灵启动开入11动作；2号直流屏母线直流接地异常。

（2）试验检测情况。考虑到500kV Ⅰ、Ⅱ号母线两套母线保护装置中失灵跳闸功能的动作行为完全相同，初步分析保护动作的原因应源于母线保护中的两个失灵跳闸开入量或直流公用回路。为此，现场开展以下试验检测工作：

1）经过现场检测、试验，首先排除了误接线、误整定的可能。

2）测试母线保护装置的失灵功能开入量光耦的动作电压，符合反措要求 $(55\%\sim70\%)U_{\text{N}}$，华北网调反措 $(60\%\sim75\%)U_{\text{N}}$，不致因光耦动作电压过低受干扰而误出口。

3）对母线保护装置试验检测。保护装置中（两套装置数据基本相同）：

220V/24V 光耦开入量正端对地电压：0.0V。

220V 直通光耦开入量正端对地电压：−20.0V。

分析上述试验检测数据得知，若直流系统发生正端接地，光耦开入量负极性端瞬间对地电位将变为−220V。此时光耦 11 正极性端的对地电位为 0V，光耦 12 正极性端的对地电位为−20V，则光耦 11 两端电压差为 220V，光耦 12 两端电压差为 200V，光耦 11、12 两端电压差在直流正端接地的初始时刻是满足其动作条件（131V 和 143V）的。其后的电压差是一个指数衰减过程，衰减的快慢与回路中的分布电容有关。光耦开入量正端引入线的分布电容越大，则加在光耦开入量两端的电压差衰减时间就越长，越容易超过母线保护内为躲干扰而设置的开入量防抖延时，从而造成总出口回路误出口。

经试验检测分析，该开入量的正端引入线为多根长电缆，存在较大的对地电容。因此在发生直流正接地的情况下，光耦 11、12 导通的可能性是存在的。

三、故障原因分析

1. 光耦误动原理分析

若光耦开入量正端对地电压为−110V（正常情况），则发生直流正端接地的瞬间，在光耦两端产生的电压差只能达到 110V（额定直流电压的 50%），不会造成光耦开入量的导通。且随着电压差的指数衰减，光耦开入量更不会动作。分析认为，如果光耦开入量的正端对地电压与其负端电位相同（−110V），与控制回路中的中间继电器类似，只要其动作电压符合反措要求，直流系统发生一点接地是不会造成保护误动的。详见图 1−18。

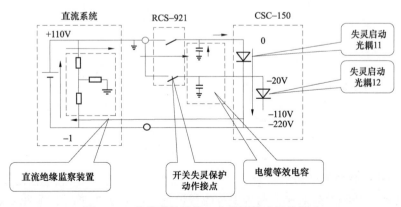

图 1−18　直流系统发生一点接地造成保护误动

为验证上述分析，并顾及试验的安全性，在将石北站直流负荷大部分倒至第一组直流，并将无法倒至第一组直流的第二组直流所带部分保护停运后，现场模拟了第二组直流电源正极接地。试验中，保护装置的 220V/24V 光耦开入量出现了 36~38ms 宽的开入变位；另一开入量（220V 直通光耦）未出现变位。因"与"门条件不满足，保护装置的失灵跳闸功能未出口。虽然现场模拟试验未能再现事故现象，但已定性地证明了上述分析是正确的。

分析现场模拟直流接地试验未造成保护动作的原因是，模拟试验时第二组直流所带负荷已大部分倒出，改变了电容电流的分配，仅使得动作值相对灵敏的 220V/24V 光耦开入量变位。

2. 直流接地分析查找

调查是否有直流接地。调查工作的重点回到跳闸时未投运、且其时正在进行的 220kV 北车Ⅰ线 221 断路器的非全相保护调试工作。虽然该保护放置在断路器机构箱内，而 500kV 保护在独立的保护小室，二者不在同一物理空间内，但共用一个站用直流系统，分析与排查过程：

（1）可能性一：在传动过程中，调试人员将由不同熔断器供电的第二组直流电源的正极点接至接在第一组直流的合闸线圈的正极性端，形成第二组直流正极与第一组直流负极经合闸线圈相连，等同于第二组直流正极、第一组直流负极接地。详见图 1-19。

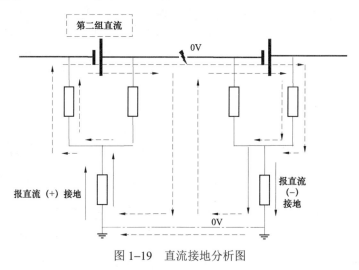

图 1-19　直流接地分析图

若如此，监控系统应有记录。仔细查找监控系统的信息发现，在 12 日 22 时 21 分 24 秒（故障发生时刻）前确无直流接地记录；但在 22 时 21 分 28 秒，查到监控系统有一条记录："2 号直流屏母线直流接地异常"，5s 后复归。根据上述分析，若第二组直流正极与第一组直流的负极连通，直流绝缘监察装置不仅应报"2号直流屏母线直流接地异常"，还应报出"1 号直流屏母线直流接地异常"。查找监控系统的事件记录，未发现"1 号直流屏母线直流接地异常"。虽然经分析由不同熔断器供电的两组直流混接形成的等效直流接地可以导致装置的失灵直跳功能误出口，但监控系统记录的信号与上述分析结果不完全相符。排除此种可能性。

（2）可能性二：除两组直流混接可以引发保护装置的失灵保护直跳功能误出口外，第二组直流的正极直接一点接地，同样可以引发误出口。据了解，6 月 12日晚 22 时左右，与 221 断路器非全相保护传动同时进行的，还有 220kV "录波器接入 221 间隔非全相保护动作开关量"的接线工作。存在误碰导致的直流接地的可能，另外事故当晚，雷雨大风，空气湿度很大，也有可能导致直流回路的某一点瞬间对地绝缘性能降低，造成直流一点接地。

综合上述分析与模拟试验，12 日 22 时 21 分 28 秒监控系统记录的"2 号直流屏母线直流接地异常"，与 22 时 21 分 24 秒的跳闸具有因果关系。正是由于第二组直流系统的异常，引发了保护装置失灵直跳功能的开入回路导通，出口跳闸，跳开了两条 500kV 母线上的全部开关。

四、故障处理与防范措施

1. 故障处理

退出 500kV Ⅰ、Ⅱ号母线的母线保护失灵跳闸功能，仅投入其母差保护功能，保证 500kV Ⅰ、Ⅱ号母线的双母差保护运行。待与网调等单位协商确定的整改技术措施落实后，再投入其失灵跳闸功能。

2. 防范措施

（1）组织超高压分公司迅速对所有 500kV 变电站的 500kV 母线保护进行核查，并在组织各单位对全网所有继电保护中"有光耦开入直接跳闸，且引入线为长电缆"的微机型保护进行核查。根据核查结果，制订并落实整改计划。

（2）联系各有关保护设备制造厂，摸清其设备底数，制订整改技术措施，防止其他保护制造商的同类产品再发生类似误动。

案例9　220kV 变电站直流电源系统全停

一、故障简述

2015 年 8 月 31 日 6 时 53 分,某 220kV 变电站因房屋漏雨造成 35kV 32–7TV

柜内静触头根部三相短路，导致 35kV 2 号母线失压，2 号站用变压器失压，且因 3 号站用变压器在备用状态，造成全站交流失压。同时，由于雨水进入 35kV TV 柜内二次隔室，直流小母线经"水阻"短路，且第 1、2 组蓄电池均有 1 只电池存在内部隐患，导致直流Ⅰ段母线在全站交流失压 10min 后失压，直流Ⅱ段母线在全站交流失压 3h 后失压。

二、故障原因分析

1. 系统组成及运行方式

该站直流操作电源为 DC 220V，系统采用单母线分段接线运行方式，故障前直流母联断路器在分位，第 1 组蓄电池至母线断路器在合位，第 2 组蓄电池至母线断路器在合位。配置 2 组蓄电池，每组 104 只，容量 300Ah；配置 2 套充电装置。

2. 故障描述

（1）外观检查情况。

故障当日 9:10 检查 1 号直流馈线屏、1 号充电装置断电，测量第 1 组蓄电池进线保险上下口均无电压，第 2 组蓄电池进线保险上下口电压均正常。直流母联断路器在断位。

直流Ⅰ段系统负荷及屏柜断路器未进行操作。

10:02 直流联络屏Ⅰ段、Ⅱ段进线断路器上下口均无电压。进一步检查第 1 组蓄电池 73 号，第 2 组蓄电池组 44 号电池存在开路现象。

10:40 检查第 1、2 组蓄电池，再次确认第 1 组蓄电池 73 号，第 2 组蓄电池 44 号电池存在开路现象，直流联络屏Ⅰ段、Ⅱ段、母联断路器在断位。蓄电池组外观无异常。

（2）试验解体检测情况。

1）对两组蓄电池进行电压检测。除第 1 组蓄电池 73 号、第 2 组蓄电池 44 号电池外其余电池电压均正常。

2）检测电池内阻。发现第 1 组蓄电池第 73、81、104 号内阻过大，第 2 组蓄电池第 44 号内阻过大。

3）检测故障蓄电池前往。拆解故障蓄电池，进行试验，分析其原因，内阻大的电池都存在一个普遍问题，电池负极极柱与汇流排连接处及汇流排都存在断裂、腐蚀情况。

电池厂家检测结论：全部更换第 1 组蓄电池后，对第 2 组蓄电池（103 只）进行容量试验，试验中蓄电池能够放出额定容量的 80%，第 2 组蓄电池正常。

3. 故障原因分析

（1）因房屋漏雨造成 35kV 32-7TV 柜内静触头根部三相短路，导致 35kV 2

号母线失压，2 号站用变压器失压，造成全站交流失压。

（2）由于 35kV 32-7TV 开关柜进水，造成直流Ⅰ段母线正、负极短路及接地，形成水阻放电，导致 73 号电池开路，使直流Ⅰ段母线失压。

直流Ⅰ段母线负极接地一直持续了 7min 58s，直流正、负两极通过雨水短路和接地，水中电解质开始发生变化，出现水阻接地，导致第 1 组蓄电池 73 号电池出现异常，造成该段直流母线电压开始迅速波动降低；直流Ⅱ段母线正负电压正常。

（3）故障当日在故障切除 3h 后，由于第 2 组蓄电池带全站直流负荷，此时，运维人员在隔离 35kV 直流负荷和断开第 1 组蓄电池后，用直流母联断路器向直流Ⅰ段母线送电，这样第 2 组蓄电池所带负荷比原负荷增加将近一倍，此时，造成第 2 组蓄电池的 44 号电池加快劣化、内阻迅速增大，在很短时间内形成开路，致使第 2 组蓄电池也发生失压。

通过上述分析可知，站内直流电源系统失压是蓄电池内部腐蚀、老化等电池内在质量为主要原因。但其他原因同样也会影响蓄电池寿命问题：

1）充电装置充电模块对蓄电池充电时谐波或纹波过大，长时间冲击后会导致电池汇流排加速腐蚀寿命提前终止。

2）电池在安装时螺栓旋紧过程中未遵守相关规定采用蛮力旋紧，导致部分电池端柱由于扭矩过大略微松动，电池在使用过程中因为有略微转柱的情况所以阴极保护未能持续，导致端柱以下部分加速腐蚀。

3）安全阀开启时外部有液体杂质流入加剧腐蚀。

三、故障处理过程

10:40 现场再次确认直流Ⅰ、Ⅱ段母线直流消失。经过对蓄电池组进行测量，第 1 组蓄电池 73 号电池、第 2 组蓄电池 44 号电池单体电压无电压输出，其他电池的单体电压均为 2.1V 左右。首先拆除 73 号电池，恢复第 1 组蓄电池。合上直流Ⅰ段母线进线开关，检查Ⅰ段电压正常，合上母联断路器 2～3s 后，直流Ⅰ段母线电压表电压迅速下降，立即断开母联开关，电压仍在下降，切断直流Ⅰ段母线进线开关。

10:47 拆除第 2 组蓄电池的 44 号电池，拉开直流母线所带馈线负荷后，合上直流Ⅱ段母线进线开关，恢复第 2 组蓄电池、直流Ⅱ段母线电压。在运维人员的配合下，按照 220、110kV，其他公用直流，逐步恢复全站直流电源。

12:03 开始接入发电车，带起直流充电装置及 UPS 等重要设备。

14:30 对 35kV Ⅲ段母线直流二次回路进行检查。

17:15 恢复 35kV Ⅲ段母线直流。

19:32 将 B33 恢复运行，二次检修五班拆除发电车，B33 带全站交流。

四、故障处理与防范措施

1. 制定蓄电池入网检测标准，开展蓄电池入网测试试验

蓄电池是直流系统最重要的设备，但近年来随着基建变电站蓄电池由直流电源系统厂家配套和大修技改招标采购蓄电池价格持续降低，蓄电池的质量难以保证，缺陷率明显上升，目前蓄电池在验收时缺乏必要的入网检测试验，给蓄电池安全可靠运行带来很大隐患。

建议制定蓄电池入网检测及维护试验标准，开展基建及大修技改蓄电池组的招标前及投运前入网检测试验。

2. 加强蓄电池组的运行维护

按照公司《直流电源系统设备检修规范》和《直流电源系统设备检修规范》要求，应每月按期完成对蓄电池单体电压和温度测试，每年至少对蓄电池组进行1次内阻测试，当单体电压偏差大于 0.05V 或内阻大于 50%平均内阻值时，应采取均衡充电、蓄电池单体活化等方法提高蓄电池一致性，修复后不满足要求的蓄电池的应退出运行。

3. 合理设置充电电压，进行充电电压温度补偿

对充电装置充电电压设置和温度补偿情况进行排查，合理设置充电装置的充电电压。阀控铅酸蓄电池浮充电压值应控制为 $N×（2.23～2.28）$ V，一般宜控制在 $N×2.25$V（25℃时），均衡充电电压应控制为 $N×（2.30～2.35）$ V（经检查另一变电站充电控制电压为 2.26V，充电装置有温度补偿装置）。

充电装置应能监测环境温度，并在充电装置监控中设置充电电压温度补偿，即基准温度为 25℃，修正值为±1℃时 3mV，即当温度每升高 1℃，阀控蓄电池浮充单体电压值应降低 3mV，反之应提高 3mV。

4. 施工单位及直流班组应配置扭矩扳手

在蓄电池安装及拆卸时使用扭矩扳手，防止使用普通扳手或其他工具旋紧螺栓时扭矩过大导致端柱松动，进而加剧蓄电池的腐蚀老化。

5. 开展变电站高频充电模块纹波系数、稳压精度测试

开展变电站高频充电模块纹波系数、稳压精度测试，确保纹波系数不大于0.5%，避免高频纹波系数过大加剧蓄电池腐蚀老化，加大对相控式充电装置的改造力度。

6. 加强蓄电池在线智能管理系统的应用，实现对蓄电池的实时监测

实现蓄电池的远程在线监测有助于实时了解蓄电池运行状况，建议采用蓄电池组在线智能跨接技术，延长蓄电池使用寿命，可对直流班组人员和工期紧张情况能得到较大改善。

采用蓄电池组在线智能跨接技术，实现某只电池异常、开路可启动跨接功能将该只电池自动旁路退出，避免因单只电池异常造成整组蓄电池失压，同时实时在线监测母线及蓄电池组电压、电流、温度以及单体蓄电池电压、内阻、温度，以及充电装置纹波等参数，并自动告警，可实现站内直流电源系统的统一监测。

案例 10　110kV 变电站直流电源设备故障

一、故障简述

2011 年 12 月 20 日，某 110kV 变电站站内 110kV Ⅱ段母线、2 号主变压器及 10kV Ⅰ段、Ⅱ段母线同时失压，同时站用交流 380V 母线失压、直流母线电压下降到 140V，直流馈线屏红灯呈较暗闪烁。运行人员接到调度通知"110kV 进线Ⅱ线路发生故障已跳闸"。经现场检查，37 号电池已开路、充电装置 2 号充电模块、蓄电池巡检装置的 3 号电池巡检模块等相关直流设备的故障造成直流母线电压异常。

二、故障原因分析

1. 故障前系统运行方式

该站 110kV 为单母分段接线方式。

110kV 进线Ⅰ 161 断路器带 110kV Ⅰ段，1 号主变压器及 35kV Ⅰ段、Ⅱ段负荷、1 号站用变压器运行在 110kV Ⅰ段母线。

110kV 进线Ⅱ 164 断路器带 110kV Ⅱ段，2 号主变压器及 10kV Ⅰ段、Ⅱ段负荷、2 号站用变压器运行在 110kV Ⅱ段母线。110kV 母线分段开关备自投投入。

站用电运行方式：1 号站用变压器在 35kV Ⅰ段母线运行，2 号站用变压器在 10kV Ⅱ段母线运行，380V 交流屏进线自投装置在手动位置，站用电负荷由 10kV Ⅱ段母线上的 2 号站用变压器提供。

该站直流操作电源为 DC 220V，系统采用单母线接线运行方式，蓄电池组与充电装置并列于直流母线、带合闸母线和直流馈线屏柜运行。配置 1 组蓄电池，个数 108 只，容量 200Ah；配置 1 组充电装置。

2. 故障描述

（1）蓄电池外观检查情况。事故后运行人员对整组蓄电池外观进行检查，未发现异常，单体蓄电池浮充电压显示为 2.18~2.20V。

（2）试验检测情况。

1）事故次日 11 时 57 分直流维护班人员将移动电源车备用电源接入直流母线，用电源车蓄电池组代替原蓄电池组运行。然后断开原蓄电池组进线直流断路器，检测蓄电池整组端电压为 232V，除 37 号蓄电池开路电压为 1.953V 外，其余蓄电池电压均为 2.10～2.25V，其余电池电压平均值为 2.205V。

2）对蓄电池巡检装置进行性能检测时，3 号电池巡检模块接的 37～51 号电池电压出现异常，其余电池电压均显示正常，经检测，3 号电池巡检模块故障。

（3）12 时 35 分，将蓄电池组接上放电仪准备进行放电测试，放电仪显示蓄电池组电压过低，蓄电池组不能进入放电状态。经检测蓄电池整组电压只有 40V，37 号蓄电池显示无电压，其余电池电压均为 2.15～2.23V，37 号电池接线正常，判断 37 号电池已不能正常工作。

（4）13 时 51 分，检测 37 号电池空载电压为 1.91V。为进一步确诊，13 时 54 分合上蓄电池组进线直流断路器，蓄电池组电压显示 240V，浮充电流显示 0.1A；检测 37 号电池浮充状态电压为 7～9V 波动，确定 37 号蓄电池已失效。

（5）14 时 01 分断开蓄电池进线直流断路器，测试蓄电池组单体电压和内阻：

1）37 号电池电压已经降为 1.90V，内阻测试超过仪器量程范围。

2）88、89、90 号电池电压正常，但内阻超过 1mΩ，3 只电池性能下降；其余电池正常。

3）随后拆除 37、88、89、90 号 4 只电池，对剩余的 103 只蓄电池进行 20A 恒流放电 80min 放电，单体电池放电曲线基本正常。

（6）15 时 58 分合上蓄电池进线直流断路器后，充电装置一直处于浮充充电方式运行，充电电流 22A；但不能自动转入均充运行方式，直流维护班人员对充电装置进行手动操作也未能强制进入均充模式，现场联系厂家技术人员，技术人员判断集中监控器或充电模块故障。

（7）17 时 40 分充电装置浮充电流下降至 0.4A。

（8）22 日充电装置厂家技术人员检查充电模块，发现充电装置 2 号充电模块异常造成充电装置不能均、浮充转换。更换 2 号充电模块和 3 号巡检模块后直流电源系统恢复正常。

（9）103 只电池运行直至 2012 年 1 月 12 日更换整组蓄电池。

3. 故障原因分析

（1）整组电池投运前闲置时间长达 15 个月，闲置期间没有按规定对蓄电池组进行补充电，致使电池先天有缺陷，已经处于报废的边缘。

（2）投运前没有做容量试验，直接接入系统运行，电池可能长期处于容量不足的运行状态，造成电池内部硫化严重、内阻增大。

（3）蓄电池巡检装置功能缺乏，不具备蓄电池性能分析功能，蓄电池巡检装置只具备简单的蓄电池电压、电流监测功能，本案例中的蓄电池组长期处于浮充状态，浮充状态下的蓄电池电压不能反映出蓄电池组的实际性能状态；当蓄电池电压一致性超标时巡检装置未能及时报警。

（4）蓄电池维护不到位：

1）蓄电池组投运后 3 年内未按规定进行容量测试。

2）充电装置故障情况下，蓄电池容量不足或亏电状态长期浮充运行是造成电池损坏的一大原因。

3）未能按规定检测蓄电池内阻，导致不能及时了解蓄电池组的内阻及变化趋势。

4）2011 年 5 月 12 日放电 3h12min 时，44 号蓄电池电压低于 1.85V，拆除 44 号蓄电池后，其他蓄电池没有再进行充分的核对性容量测试就重新投入运行。

5）充电装置的故障未能及时发现，充电装置不能自动进行均浮充转换导致放电后的蓄电池组长期处于欠充状态，蓄电池负极板硫酸盐化严重，容量进一步亏损。

6）未能及时输出蓄电池核对性容量放电测试报告及蓄电池充电状态报告。

经分析，对直流设备运行维护不到位、37 号电池开路、充电装置 2 号高频模块、蓄电池巡检装置的 3 号电池巡检模块等相关直流设备的故障造成直流母线电压异常。

三、故障处理过程

（1）2011 年 12 月 20 日，站内出现 110kV Ⅱ段母线、2 号主变压器及 10kV Ⅰ、Ⅱ段母线同时失压，同时站用交流 380V 母线失压、直流母线电压下降到 140V，直流馈线屏红灯呈较暗闪烁。

（2）运维人员立即汇报调度，调度告知 110kV 进线Ⅱ线路发生故障已跳闸。运行人员检查发现 110kV 备自投装置动作，但 110kV Ⅱ段 164 断路器未跳闸，110kV 分段 100 断路器未合闸，直流母线电压异常是 100 断路器未合闸的主要原因。

（3）调度再次指令，恢复 2 号主变压器运行，站用电负荷手动切换至 1 号站用变供，380V 交流母线电压恢复正常后，充电装置启动直流母线电压恢复正常，运行人员手动拉开 110kV 164 断路器、合上 100 断路器、2 号主变压器及 10kV 母线恢复运行。

四、故障处理与防范措施

1. 故障处理

（1）临时过渡方式：103 只蓄电池运行方式下，在此运行期间加强蓄电池组单体电压的测量，每周进行一次整组单体电压的测量并做好记录。直流维护班的临时电源车做好事故应急准备。

（2）3 周内更换了整组蓄电池。

2. 预防措施

（1）在工程验收投产前，应对蓄电池组进行核对性充放电试验，检验其容量是否满足要求，并应与厂家提供的放电曲线、内阻值相吻合。

（2）浮充电运行状态的蓄电池单体电压偏差应严格控制在±0.05V 范围，当发现个别电池偏差较大时应对电池进行活化维护。无人值班站单体电池告警整定范围小于 2.1V 或大于 2.4V 为宜。

（3）蓄电池组核对性放电完毕和三段式充电结束时，应生成完整的充放电报告，以验证充电装置的工作过程，防止单体电池电压异常或充电装置控制部分的异常造成蓄电池过充或长期欠充运行。

（4）蓄电池不应长期存放，如存放超过 3 个月应进行 1 次补充充电，否则超过 9 个月应按报废电池处置。严格防止电池长期存放性能下降，影响其使用寿命。

（5）站用交流电源要保证两路能自动进行却换。正常运行应在"自动"方式。运行 12 年以上特别是采用接触器进行双路电源切换的交流屏应该尽快安排更换。防止接触器、继电器等元件老化引发故障。

（6）建议运维人员定期普测蓄电池时，先将充电装置停用 30～60min，期间监视直流母线电压变化情况，放电 30～60min 后再测量蓄电池整组和单体电压，最后恢复充电装置运行，这样能及时发现落后电池并能同时检测充电装置均充转换功能及充电模块带载能力。

（7）完善蓄电池单体电压监测装置的功能：

1）增加定期自动测试蓄电池内阻的功能，并对蓄电池内阻趋势进行分析，对内阻超限的蓄电池进行报警。

2）增加蓄电池性能分析功能，对蓄电池的充放电曲线、浮充电曲线、内阻曲线进行分析，综合判断蓄电池性能状态，并对性能较差的蓄电池给予报警提示。

3）建议检测单体电池静置一定时间的开路电压，在单体蓄电池正、负极两端加装二极管和与其并联自动开关，定期打开直流断路器使电池组处于准开路状态下检测单体电压，这样才能更容易发现电压异常的电池，测量完毕使自动开关闭合恢复正常运行。

案例 11   220kV 变电站蓄电池组开路造成 220kV 线路跳闸

一、故障简述

2007 年 7 月 14 日，福建某 220kV 变电站 110kV 某线路遭雷击短路故障跳闸。故障引发该站两台站用变压器跳闸、充电装置停止工作；蓄电池开路，直流母线失压，两条 220kV 线路跳闸，该地区电网与主网解列。

二、故障原因分析

1. 系统组成及运行方式

220kV 系统：双母线正常运行，母联断路器处于合环运行状态；

110kV 系统：双母线正常运行，母联断路器处于合环运行状态；

35kV 系统：母联 300 断路器热备用。

直流电源系统：该站直流操作电源为 DC 220V，系统采用单母线分段接线运行方式，配置 2 组蓄电池，每组 104 只，容量 300Ah；配置 2 套充电装置。此系统已投运 5 年。

2. 故障检测情况

（1）现场检测试验。

1）对第 1 组蓄电池电池的单体电压和内阻进行逐个检测，查出 55 号蓄电池的内阻满刻度无法测试，单体电压为 2.31V。

2）对进行第 1 组蓄电池核对性放电试验，发现第 1 组蓄电池整组端电压立刻降为零；实测 55 号蓄电池电压为−223V，判定第 1 组蓄电池处于开路状态。

（2）现场解体试验。事故后 1 周，运维人员及有关专业人员和蓄电池供应商共同对 55 号蓄电池进行了解剖检查，发现蓄电池正极铅焊有严重缺陷，正极极柱开裂且有严重的烧熔现象，55 号蓄电池正极极柱开裂如图 1−20 所示。

图 1−20   55 号蓄电池正极极柱开裂图

3. 故障原因分析

经现场调查、试验检测和技术分析，导致事故发生的主要原因是：

（1）站内两台站用变压器同时失电原因：根据故障录波资料分析，在110kV 某线路三相近区故障期间，220kV 母线电压下降到 65%，110kV 母线电压下降到 26%；35kV 侧电压下降到 21%~24%，造成站用变压器 400V 侧的电压低于断路器脱扣电压（断路器性能 65% 以上确保吸合，小于 30% 失压脱扣，30%~65% 不确定区间），导致两台站用变压器开关都启动失压脱扣，低压电源消失。

（2）1 号直流系统失电原因：逐个检查蓄电池组单体电池的电压和内阻，查出 55 号电池内阻满刻度无法测试，测单体电压为 2.31V；做蓄电池带负荷放电试验，发现蓄电池整组端电压立刻降为 0，实测 55 号电池电压为–223V，蓄电池组处于开路状态。

7 月 23 日对 55 号蓄电池进行了解剖检查，发现蓄电池正极铅焊有严重缺陷，正极极柱开裂且有严重的烧熔现象，是 55 号蓄电池开路的重要原因。

（3）继电保护分析：该站 220kV 线路保护屏一、二的直流电源分别取自 1、2 号直流电源系统。由于第 1 组蓄电池处于开路状态，1 号直流电源系统失电，造成保护屏一上的直流电源消失。110kV 线路 I 在 18 时 35 分 5 秒 280 毫秒故障跳闸时，220kV 线路 I 与 220kV 线路 II 保护同时受到故障电流而启动，因 1 号直流电源消失导致 220kV 电压公用回路中采用典型的隔离刀闸 GWJ 切换继电器失磁，保护 TV 电压回路失压，最终造成两条 220kV 线路（I、II）的距离保护 III 段出口跳闸。

（4）综自监控后台异常分析：两台站用变压器跳闸后，逆变电源（一）的交、直流输入电源同时消失，导致接在逆变电源（一）上的监控机（一）掉电关机。同时，因站用变压器跳闸，逆变电源（二）装置由逆变切换到旁路，旁路无输出，导致监控机（二）掉电关机。当计算机断电时，监控主机无法完成数据写入历史库，造成历史库异常，监控主机无法正常工作。

（5）就地无法同期合闸的原因：由于综自后台机异常，只能在就地测控屏上进行同期操作，但测控装置在检无压同期方式，无法在综自后台机将检无压方式切换成检同期方式，而运行人员没有修改测控装置参数权限，不能更改测控装置的同期方式，开关检同期条件不满足，无法就地同期合闸。

综上分析：110kV 线路 I 三相近区故障，造成系统电压下降，站用变压器 400V 侧低压脱扣动作，两台站用变压器失电，充电装置停止工作；因蓄电池开路，直流母线失压，造成接于 1 号直流母线上的负荷失电，使得 220kV 电压公用回路中电压切换继电器失磁，220kV 保护 PT 电压回路失压。最终造成两条 220kV 线路

（Ⅰ、Ⅱ）的距离保护Ⅲ段出口跳闸。

三、故障处理过程

（1）18 时 35 分 5 秒 280 毫秒 110kV 线路Ⅰ断路器雷击跳闸，相间距离Ⅰ段出口，重合闸成功。

（2）18 时 35 分 1 号站用变压器 400V 侧 401 开关、2 号站用变 400V 侧 402 开关跳闸，400V 系统失电；1 号直流电源消失；综自监控后台机掉电后重启出现异常。

（3）18 时 35 分 5 秒 784 毫秒 220kV 线路Ⅰ、Ⅱ断路器跳闸，保护屏跳 A、跳 B、跳 C 灯亮，开关三跳不重合。保护行为：220kV 线路Ⅰ、线路Ⅱ保护 2818 毫秒相间距离Ⅲ段出口跳三相，2912 毫秒纵差远跳出口。因 220kV 故障录波装置接于 1 号直流系统，只录到 900 毫秒左右的波形。

（4）18 时 41 分两台站用变压器恢复运行，18 时 43 分 1 号直流电源恢复运行。

四、故障处理与防范措施

1. 故障处理

（1）该 220kV 变电站已出现 110kV 线路故障引起 35kV 两台站用变压器跳闸失电、1 号直流屏失电现象，经简单检测电池电压后，又将 1 号直流屏按正常方式运行，导致 18 时 35 分该 220kV 变电站又出现同样故障时，由于直流电源消失的原因，造成电网解列的事故。

（2）站用变压器开关低压脱扣装置配置不当，在系统瞬间故障电压出现较大扰动时，站用变压器将发生跳闸。

（3）对蓄电池的检测、监控手段不足。

（4）变电站监控系统异常后，无法在间隔层对设备实现控制。

2. 防范措施

（1）解除站用电失压脱扣跳闸功能，对装设备自投装置的站用电系统，应全面检查备自投装置的功能，保证备自投装置的各项功能完善、可靠。站用电系统的保护装置、备自投装置要按照规程要求，进行定期检验。

（2）立即对所有变电站的蓄电池组普测一次单体蓄电池内阻和端电压，做好普测记录和保存，发现内阻或电压异常，应立即进行核对性放电试验，若容量不合格或失效，必须更换电池。

（3）若直流电源系统出现故障、影响直流电源系统的正常工作时，应及时处理，待查明原因、故障处理好后，方可恢复正常的运行方式。

（4）严格按照直流电源系统相关规程要求进行充电装置定期检验和蓄电池组定期全核对性放电检验，发现缺陷应及时处理。若蓄电池组经过三次全核对性放充电，其容量均达不到其额定容量的 80%以上，应安排更换。

（5）建议对蓄电池内阻进行定期测试，测试周期为每季度一次。

（6）逆变电源屏柜要保持良好的通风散热效果，屏柜后门整面设计百叶窗散热孔并加防尘网；5kVA 及以上的逆变电源屏柜屏柜顶部设计四个热风扇；3kVA 及以下的逆变电源屏柜屏柜顶部设计散热孔并加防尘网。不满足以上要求的逆变电源屏柜要安排整改。

河北创科电子科技有限公司

山东鲁能智能技术有限公司

上海良信电气股份有限公司

北京人民电器厂有限公司

第二章 直流电源系统蓄电池故障

一、故障简述

2013 年 6 月 9 日，浙江某 110kV 变电站在进行站用变压器运行方式切换操作时，拉开 1 号站用变压器进线开关，在合 2 号站用变压器进线开关操作时，2 号站用变压器进线开关合闸失败，此时，全站交流工作电源失压，直流充电装置无输出；事故发生后检修人员快速到达现场，经检查发现故障蓄电池组 42、44 号蓄电池内阻无穷大，呈开路状态。两类故障导致全站交、直流电源失压。

二、故障原因分析

1. 系统组成及运行方式

该站直流操作电源为 DC 110V，系统采用单母线分段接线运行方式，配置 1 组蓄电池，56 只，容量 300Ah；配置 1 组充电装置。

正常运行状态下设控制母线和合闸母线，控制母线电压为 112V，控制母线供控制直流 I 段、控制直流 II 段、事故照明等；合闸母线电压为 126V，作为 10kV 开关的合闸电源，分为 10kV I 段合闸电源和 10kV II 段合闸电源。该站直流电源系统如图 2-1 所示。

全站站用电为 1 号站用变压器供电，2 号站用变压器作为备用电，自动切换。1、2 号站用变压器开关控制回路采用直流接触器。

2. 故障描述

（1）外观检查情况。故障蓄电池外观检查正常，解体检查发现负极极柱开路。

（2）试验检测情况。对该站直流系统进行了全面检查：全站停电时检测蓄电池输出电压严重偏低，仅有 10V 左右，蓄电池全组内阻测试中内阻仪显示 42、44 号蓄电池电池内阻无穷大，基本判定蓄电池组开路故障，整组蓄电池已无法运行。更换故障蓄电池后，直流母线电压正常，站用交流电源恢复供电，全站交、直流恢复正常。

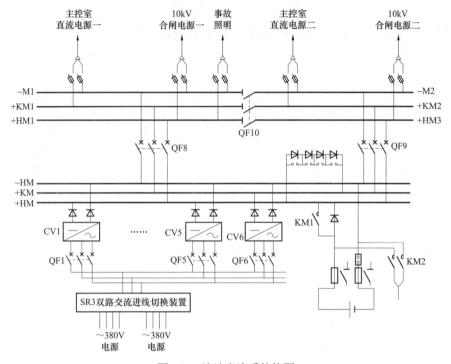

图 2-1　该站直流系统简图

3. 故障原因分析

经现场检测和分析，42、44 号蓄电池存在焊接工艺不良现象，运行中已接近开路状态，当 1 号站用变压器进线开关拉开，2 号站用变压器进线开关合闸失败时，站用交流工作电源失压，直流充电装置无输出；站内直流负荷瞬时全部由蓄电池提供电源，站内全部的直流负荷对蓄电池组造成了一定的冲击，导致 42、44 号蓄电池负极极柱焊接点开路，整组直流电源电压接仅为 10V 左右。

直流电源消失，导致站用变压器控制回路中的直流接触器不能工作，1、2 号站用变压器操作失灵，最终造成全站直流和交流电源失压。

通过现场调查，并结合试验数据综合分析，蓄电池开路是导致全站直流和交流电失压的直接原因。

三、故障处理过程

2013 年 6 月 9 日 14 时 35 分，按照季度切换站用电的要求，变电站在进行站用变压器切换操作时，拉开 1 号站用变压器进线开关，在合 2 号站用变压器进线开关操作时，合闸失败，现场出现全站交、直流工作电源失压。

15 时经工作人员检查发现该站蓄电池组 42、44 号蓄电池内阻无穷大，呈开路状态。

四、故障处理与防范措施

1. 故障处理
（1）立即对该站整组蓄电池进行更换。
（2）进一步加强蓄电池的巡检和检查。

2. 防范措施
（1）加强变电站蓄电池运行管理，及时发现问题，消除安全隐患。
（2）进行站用电切换时，应提出系统运行相关的要求，并制订相应的预案。
（3）对于在周期性蓄电池核对性充放电试验时发现存在隐患的蓄电池或投运年限较长的蓄电池组，应缩短核对性充放电试验周期或及时更换全组蓄电池。
（4）建议改造 10kV 电磁型开关，避免开关合闸时大冲击电流流过直流合闸母线造成对蓄电池组的冲击，减小大电流瞬时放电对蓄电池组的影响。

案例 2　110kV 变电站直流电源部分电池开路事件

一、故障简述

2016 年 2 月 29 日，湖南某 110kV 变电站检修人员在该站内进行专业化巡视检测时，发现部分电池内部极栅与导流板部分已脱落；部分电池内阻出现严重超标；部分电池汇流排与极柱连接已处于断裂状态，导致部分电池开路。

二、故障原因分析

1. 系统组成
该站直流操作电源为 DC 220V，配置 1 组蓄电池，104 只，容量 200Ah；配置 1 组充电装置。

2. 故障描述
（1）外观检查情况。对整组蓄电池端电压进行检查为正常。对 104 只电池逐个检查单只电池端电压，发现 100 号电池端电压在 120～209V 之间跳变，其他单只电池端电压正常，初步判断 100 号电池开路。详见图 2–2。
（2）试验检测情况。
1）退出 100 号蓄电池，并调整充电装置浮充电压和均充电压参数后，恢复整组蓄电池组（101 只电池）运行。再次检测 100 号蓄电池端电压 2.14V，偏小；测

图 2-2　100 号电池

试 100 号蓄电池内阻为 9672μΩ，大大超出正常范围，详见图 2-3 和图 2-4，确定 100 号蓄电池内部开路，不合格。

2）2013 年 11 月，A 类检修中该蓄电池组容量、内阻试验数据完全正常。

3）2015 年 9 月，蓄电池组 C 类检修中发现 3、76 号蓄电池内阻严重超标（3 号蓄电池内阻：10 326μΩ，76 号蓄电池内阻：47 680μΩ），将其退出运行。

4）2016 年 2 月 29 日，100 号蓄电池开路退出运行。

5）2016 年 3 月 17 日，检修人员对该站蓄电池组再次进行检查、试验。容量核对性试验结果显示：58 号电池容量为 60%，不合格，后将其退出运行。

6）2016 年 3 月 23 日，检查中发现 92、98 号蓄电池内阻偏高，有劣化趋势。

图 2-3　100 号蓄电池端电压图

图 2-4　100 号蓄电池内阻测试数据

3. 故障原因分析

（1）该变电站是 2013 年 11 月新投运变电站，该站蓄电池组为一体化电源系统。该蓄电池组生产日期为 2012 年 11 月，安装投运时间为 2013 年 11 月，在蓄电池储存期间，厂家未按要求对蓄电池进行充放电，导致蓄电池组整体性能下降。

（2）该蓄电池组投运前、后，在 2013 年 11 月 19 日、2015 年 9 月 1 日曾对该蓄电池组进行 10h 容量核对性试验，因试验仪器不能实时监测单体蓄电池电压，采用人工测量方法，测量周期为 1h，试验过程中存在对有问题的单体电池过放电，导致蓄电池性能下降。

（3）根据该蓄电池组投运前后试验检测数据分析：投运 28 个月后，3、76、100 号蓄电池内部极栅与导流板部分脱落，导致蓄电池内阻严重超标；58 号蓄电池生产质量不良容量仅为 60%（低于 80%），不合格。此故障是典型的蓄电池质量问题。

（4）该站因标准配置为一电一充（1 组蓄电池组、1 套充电屏），单只蓄电池内部虚开路将导致了蓄电池组完全失去直流供电能力，全站直流二次负荷仅由直流充电装置供给。

另外，因标准配置（一电一充）若在站用变压器交流电源失电或充电机故障的情况下，全站的直流电源系统将全部失电，所有保护装置、安全自动装置及遥控、遥测、遥信、遥调功能全部失效，严重威胁电网安全稳定运行。在状态评价中此类事件定义为设备障碍。

三、故障处理过程

2016 年 2 月 29 日，检修人员在该 110kV 变电站进行专业化巡视检测过程中，发现直流蓄电池组中 100 号蓄电池内阻严重超标，达到 9672μΩ（正常值为 800±100μΩ），100 号蓄电池实际已报废，整组蓄电池已处于开路状态，全站直流二次负荷仅由直流充电装置供给。

检修人员更换故障蓄电池，并安排人员对剩余蓄电池组（101 只蓄电池）进行充放电试验和内阻测试，再次发现 58 号蓄电池容量为 60%，不合格。

备用蓄电池（4 只）安装到位恢复蓄电池组 104 只蓄电池，重新进行充放电试验和内阻测试，发现 92、98 号蓄电池内阻偏高。

四、故障处理与防范措施

1. 故障处理

（1）3、76、100、58 号蓄电池退出运行，更换 4 只备用蓄电池。

（2）对 92、98 号蓄电池加强监视，定期检测蓄电池内阻。

2.防范措施

（1）加强蓄电池组到货验收管理，严禁将存储时间超过6个月且未按规定进行补充电的蓄电池组投运。

（2）加强在运直流蓄电池组巡检，定期检测蓄电池组端电压及内阻数据，并与上一次试验数据进行比较，保证测试数据的真实性和完整性，以便正确及时发现蓄电池组故障隐患。

（3）检修人员进行蓄电池组容量核对性试验时，必须使用能够实时监测、记录单只电池电压的仪器，防止过放电。

案例3 发电厂直流电源系统蓄电池爬酸缺陷

一、故障简述

2016年2月17日，某发电厂运维人员在进行直流系统专业巡视检查的过程中，发现第1组蓄电池52、54号两只蓄电池液漏爬酸，导致蓄电池正极极柱均出现较多淡绿色结晶体，造成内阻增大；电压偏高使得蓄电池组容量降低。

二、故障原因分析

1.系统组成及运行方式

该发电厂直流电源系统采用单母分段接线运行方式。正常运行状态下直流母线电压为232V。蓄电池组作为发电厂的备用直流电源，同时也承担全厂断路器合闸产生的冲击负荷。配置2组蓄电池，每组104只，容量500Ah/每组；配置3组充电装置。该发电厂直流电源系统如图2-5所示。

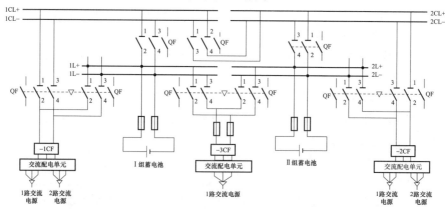

图2-5 某发电厂直流电源系统接线图

2. 故障描述

（1）外观检查情况。观察第 1 组蓄电池 52、54 号蓄电池正极极柱，两只蓄电池均存在较多浅绿色结晶体，如图 2-6 所示。

（2）试验检测情况。对第 1 组蓄电池进行电压与内阻检测，经检测，52、54 号蓄电池电压分别为 2.237、2.229V；内阻分别为 639、711μΩ，蓄电池电压处于正常范围

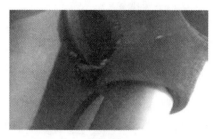

图 2-6　蓄电池极柱爬酸图

（2.23V±0.05V，其中，2.23V 为蓄电池厂家建议的蓄电池单体浮充电压值），但是内阻已经严重超标（内阻平均值 387μΩ）。对 I 组蓄电池进行了 7h 左右的放电试验，放电电流为 50A 时，52、54 号蓄电池电压分别降至 1.800、1.804V，即 52、54 号蓄电池容量已小于 80%，不满足相关规程要求，远低于本组其他蓄电池，退出这两只蓄电池；对剩下的电池继续放电，累计放电时间达到 10h，剩余电压均不低于 1.80V，其余的电池容量满足要求。

3. 故障原因分析

（1）蓄电池由于制造工艺原因，极柱处焊接不牢固产生缝隙，蓄电池内部电解液通过缝隙溢出，导致蓄电池漏液爬酸。电解液的溢出，直接导致蓄电池内部参与电化学反应的化学物质减少，使蓄电池容量降低。

（2）蓄电池组安装方式为立式安装，分上下两层，第 1 组蓄电池 52、54 号两只蓄电池均在下层，爬酸点均朝向内侧，不易被发现。运维人员在日常设备巡视过程中，未能及时发现蓄电池爬酸，致使蓄电池爬酸现象日益严重。

三、故障处理过程

（1）暂时更换第 1 组蓄电池中 52、54 号两只蓄电池（与运行蓄电池同厂家、同型号、内阻接近）。

（2）对第 1 组蓄电池进行核对性充放电试验，容量合格投入运行。

（3）进一步加强蓄电池的巡视和检查。定期开展蓄电池动态充放电试验，并记录分析蓄电池电压和电阻情况。

（4）为防止出现更严重的后果，运维人员将直流系统运行方式切换至两段母线联络运行，将第 1 组蓄电池退出运行进行核对性充放电试验。

四、故障处理与防范措施

1. 故障处理

立即更换第 1 组蓄电池。

2. 防范措施

（1）加强蓄电池的巡视和检查，尤其是要加强外部检查，确保不遗漏明显的故障现象，避免蓄电池问题的扩大。

（2）每月应检测 1 次单体蓄电池及蓄电池组的总电压，并记录蓄电池电压参数，单体电池间的电压偏差值较大时应引起重视。

（3）重视蓄电池内阻和电压测试，只检测蓄电池电压和内阻是无法发现蓄电池内部问题，蓄电池内部有些问题是通过蓄电池核容检测才可发现。

建议：每季度应进行一次蓄电池内阻和电压测试，每次测得的内阻和电压值应与出厂值、上一次测得值进行比对，各蓄电池内阻和电压之间也要进行相互比对。蓄电池内阻值偏大和和电压异常时应引起重视，对超标的蓄电池应予以更换。

（4）对运行时间超过 4 年的蓄电池，应每年进行核对性放电试验。经过 3 次试验后，蓄电池容量仍然达不到额定容量的 80% 以上，可认为电池使用寿命已到，应进行更换；当第 1 组电池中有个别电池容量不足，可个别更换，但更换前必须活化新电池；当一组蓄电池中有较多电池（如占数量的 20% 以上）低于 80% 额定容量，应整组进行更换。

（5）建议加强蓄电池缺陷管理，蓄电池电压异常的缺陷必须在规定时间内消缺，防止消缺周期过长造成事故安全隐患，消缺结束后严格执行验收及缺陷闭环流程。

（6）建议加强蓄电池在线检测的管理。

案例 4　110kV 变电站蓄电池组连接螺栓生锈严重造成蓄电池运行风险

一、故障简述

2015 年 6 月，山东 110kV 某变电站巡检人员检查发现站内直流蓄电池组连接螺栓生锈，易造成酸腐蚀，这种现象严重时也会导致连条紧固失效，电池开路，电池开路同样会造成蓄电池运行风险。

二、故障原因分析

1. 系统组成

该变电站直流电源系统操作电压为 DC 110V，系统接线采用单母分段接线运行方式，配置 2 组蓄电池，每组 54 只，容量 300Ah；配置 2 套充电装置。

2. 故障描述

（1）外观检查情况。巡检人员发现运行中的蓄电池组连接螺栓有生锈现象，经检修人员外观检查发现阀门右侧有明显酸腐蚀痕迹和阀门右侧的正极紧固螺栓及垫圈腐蚀程度明显超过负极螺栓，如图 2-7 所示。

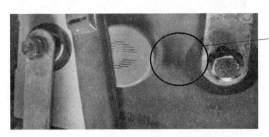

图 2-7　蓄电池组酸腐蚀痕迹

（2）试验检测情况。检修人员对截止阀进行气密性测试，其结果显示，阀门抗压仅为 1.5kPa，蓄电池在使用期间安全阀应自动开启闭合，开闭阀压力应在 3～35kPa（开阀压力 10～35kPa，闭阀压力 3～30kPa）范围内，开闭阀压差小于 10kPa。密封性失效截止阀、密封性良好截止阀图分别如图 2-8 和图 2-9 所示。

图 2-8　密封性失效截止阀

图 2-9　密封性良好截止阀

3. 故障原因分析

导致本次故障的直接原因为蓄电池组配件不合格，螺栓为镀锌钢质，不符合国标和规程要求，易造成酸腐蚀，这种现象严重的可能导致连条紧固失效，电池开路。

根据以上试验检测结果分析，故障蓄电池截止阀密封性能降低，导致蓄电池组充放电过程中产生的气体溢出，截止阀密封性失效，导致酸雾逸出。

安装工艺不严谨，紧固、导电部分没有涂抹凡士林膏防腐，螺栓没有紧固记号。

三、故障处理与防范措施

1. 故障处理

（1）更换符合要求的极柱连条紧固螺栓，应选取不锈钢材质。

图 2-10　处理后的电池

（2）在对蓄电池进行安装施工过程，应在连接螺栓涂抹凡士林膏，以防腐蚀，如图 2-10 所示。

2. 防范措施

（1）定期对蓄电池进行检查，除了蓄电池电气参数和外观检测外，还要对蓄电池连接状态的检测，螺栓松动、生锈、腐蚀都会对蓄电池连接状态造成影响，从而影响蓄电池充放电特性。

（2）定期对截止阀进行压力监测，定期检查蓄电池的阀口，是否频繁发生出现"白色析晶"现象，防止阀体出气口发生堵塞问题，严重时甚至会腐蚀电池连接件。

（3）施工单位及直流班组应配置扭矩扳手。在蓄电池安装及拆卸时使用扭矩扳手，防止使用普通扳手或其他工具旋紧螺栓时扭矩过大导致端柱松动，进而加剧蓄电池的腐蚀老化。

案例 5　220kV 变电站蓄电池极柱凸起

一、故障简述

福建省某 220kV 变电站 2008 年投运，2009 年已有个别蓄电池开始出现正极柱凸起现象，到 2012 年整组电池正极柱凸起，凸起高度也逐渐增加；若不对该组蓄电池进行处理，可能会出现正极柱断裂，导致在交流停电时蓄电池不能给直流负荷提供电源，出现直流电源系统失压现象。

二、故障原因分析

1. 系统组成

该站直流电源系统采用单母线分段接线运行方式，并配置 2 套充电装置及 2 组蓄电池。

2. 故障描述

（1）外观检查情况。蓄电池正极柱凸起，负极柱正常，详见图 2-11 所示。对极柱有突起的单只电池进行测试，正负极可导通，电压输出正常，但电池电导值偏低，已超出合格范围。

（2）试验检测情况。对整组蓄电池进行测试，整组情况差异不大。电压值、电导值及外壳外观均正常。充电装置及其他设备无异常情况。

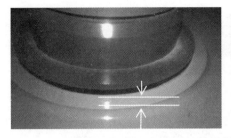

图 2-11　蓄电池外观图（凸起约 2～3mm）

3. 故障原因分析

（1）正极柱总承与浇铸口存在较大公差。

（2）正极柱浇铸材料可能不满足防酸、抗压性能。

（3）阀门开启压力可能偏高，使内部压力偏大引起正极柱向上凸起。

三、故障处理过程

蓄电池投产送电时各项技术参数正常，外观检查完好，蓄电池正极柱正常，无凸起现象。但蓄电池运行近一年的时间后，蓄电池会有缺陷出现。例如，该变电站 2008 年投产，2009 年个别蓄电池开始出现正极柱凸起现象，而且每一个季度出现正极柱凸起的蓄电池数量均有所增加，到 2012 年整组电池正极柱凸起，凸起高度也逐渐增加；若不对该组蓄电池进行处理，会出现正极柱断裂等情况。

四、故障处理与防范措施

1. 故障处理

（1）该蓄电池组还在保质期内，对整组蓄电池进行更换。

（2）加强对该批次型号的电池进行巡检。

2. 防范措施

（1）对蓄电池组的验收要加强极柱位置的检查，并存相关档案。

（2）制订对阀门开启压力的定期检测项目。

案例 6　220kV 变电站蓄电池漏液造成直流系统接地故障

一、故障简述

2015 年 12 月 04 日，220kV 某变电站直流系统绝缘监察装置报直流电源 I 段母线绝缘异常，选线结果为第 69 号蓄电池接地。是因蓄电池运行时间较长，蓄电池底部存在颗粒状物体，出现蓄电池漏液情况，由于所渗液体具有导电性，而引起蓄电池接地故障。

二、故障原因分析

1. 系统组成

该站直流电源系统操作电压为 DC 220V，系统接线采用单母线接线运行方式，配置 2 组蓄电池，每组 104 只，容量 300Ah；配置 2 套充电装置。

2. 故障描述

（1）外观检查情况。故障发生后，根据绝缘监察装置报警显示，首先考虑查找蓄电池问题，检查蓄电池时，闻到刺鼻气味，确定直流母线 I 段第 69 号蓄电池漏液接地。

（2）试验检测情况。立即把漏液电池拆除退出电池组。换上新电池后，进行测试发现故障情况消失，直流系统正负对地电压恢复正常，系统恢复正常。

3. 故障原因分析

蓄电池运行时间较长后，出现漏液情况，由于所渗漏液体的导电性，导致蓄电池通过漏液接地，此故障表现为母线的正负极对地电压出现偏差，具体电压偏差比例大小随不同的接地节数变化而变化。

三、故障处理过程

2015 年 12 月 04 日，该站绝缘监察装置报直流电源 I 段母线绝缘异常，选线结果为第 69 号蓄电池接地。现场实际测量直流母线 I 段正极对地电压约+143V，负极对地电压 70.7V，与绝缘监察装置显示一致，判段绝缘监察装置告警信号准确，直流电源系统确实存在绝缘异常，须立即排查。

四、故障处理与防范措施

1. 故障处理

拆除并退出漏液蓄电池，换上新电池后，直流系统正负对地电压恢复正常，系统恢复正常。

2. 防范措施

（1）当直流母线正负对地电压出现偏差时，说明直流系统出现绝缘故障，蓄电池接地也是直流系统绝缘故障的一种，查找问题时也容易被忽略。

安装具有监测蓄电池接地故障的绝缘监测设备可使查找绝缘故障方便快捷，值得推广。

（2）建议蓄电池组底板部需增加 3mm 以上防酸垫，避免蓄电池组接地。

案例 7 220kV 变电站蓄电池阀门顶盖断裂造成性能异常

一、故障简述

2015 年 12 月，山东省 220kV 某变电站巡检人员进入蓄电池室进行日常设备巡视检查时，发现第二组蓄电池中 14、48 号单体蓄电池等 5 只蓄电池阀门顶盖断裂，使得蓄电池内部失水严重，造成浮充电运行方式时故障蓄电池内阻过大，引起故障蓄电池欠充其他蓄电池过充，导致整组蓄电池容量下降。

二、故障原因分析

1. 系统组成

该变电站直流电源系统操作电压为 DC 110V，系统接线采用单母线分段接线运行方式，配置 2 组蓄电池，个数 54 只/组，容量 300Ah；配置 2 套充电装置。

2. 故障描述

（1）外观检查情况。发现第二组蓄电池中 14、48 号蓄电池单体等 5 个电池阀门顶盖断裂，其他无明显异常，详见图 2-12。

图 2-12 蓄电池单体阀门顶盖断裂

（2）试验检测情况。当天对蓄电池单体的阀门开启值进行测试试验，发现部分阀门开启值过大（蓄电池在使用期间安全阀应自动开启闭合，闭阀压力应在 1~10kPa 范围内，开阀压力应在 10~49kPa 范围内），详见图 2-13。

3. 故障原因分析

通过试验检测结果分析，认为蓄电池组部分蓄电池阀门开启值超出标准值，造成阀门断裂，造成蓄电池内部失水严重，从而使浮充电运行方式时故障蓄电

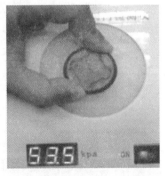

图 2-13 部分阀门开启值过大

池内阻过大，引起故障蓄电池欠充其他蓄电池过充，造成整组蓄电池容量下降。

三、故障处理过程

巡检人员发现第二组蓄电池中 14、48 号单体蓄电池等 5 只蓄电池阀门顶盖断裂后，直流维护人员按照程序立即安排对该蓄电池组进行核容检测，在核容过程中测量发现这些阀门顶盖断裂的蓄电池电压下降较快，3h 放电时间之后，蓄电池电压接近截止电压 1.8V，蓄电池容量不足 30%，质量严重不合格。

四、故障处理与防范措施

1. 故障处理

（1）故障发生后将蓄电池组所有阀门拆除测量，更换不合格的阀门。

（2）对整组蓄电池进行两次充放电循环以恢复容量。

2. 防范措施

（1）对在运行蓄电池组加强巡视，定期检查蓄电池的外观有无异常变形和发热，仔细检查安全阀的周围是否有被喷射的污点，以此确定安全阀是否拧紧或损坏。

（2）重视并制定蓄电池阀门的检测规范，定期检查蓄电池的阀口，是否频繁发生出现"白色析晶"现象，防止阀体出气口发生堵塞问题，严重时甚至会腐蚀电池连接件。

（3）建议各蓄电池主流生产厂家严格把好阀门准入关，控制好阀门的各项参数指标。

案例 8　220kV 变电站蓄电池故障引发直流母线异常

一、故障简述

2015 年 9 月 1 日 2 时 19 分，东北 220kV 某变电站直流电源系统监控装置发出直流电源失电信号。经现场对故障蓄电池进行解剖，故障蓄电池内部均发生断裂及腐蚀现象严重而引发直流母线异常。

二、故障原因分析

1. 系统组成

该站直流电源系统操作电压为 DC 220V，系统接线采用单母线接线运行方式，配置 2 组蓄电池，每组 104 只，容量 300Ah；配置 2 套充电装置。

2．故障描述

（1）解体检查情况。9月8日解剖8、16号蓄电池发现，阴极电池板断裂，腐蚀现象严重。如图2-14和图2-15所示。

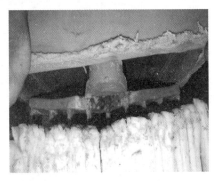

图2-14　8号蓄电池解剖图　　　　图2-15　16号蓄电池解剖图

（2）试验检测情况。2015年9月6日，直流班组人员到现场对第1组直流电源系统进行检查：

1）将第1组直流电源蓄电池组脱离充电屏，1号直流馈出屏负荷倒至第2组直流系统。检查蓄电池组电压表指示227V，直流系统正常，无任何异常告警。

2）用20A电流对第1组蓄电池组进行核对性放电，试验装置不到1min后自动终止放电，经检查直流系统监控单元断电，蓄电池组无电压。

3）对第1组蓄电池组进行内阻测试，发现16号蓄电池两接线端子间无电压，内阻无穷大。使用内阻测仪对蓄电池组测试结果详见表2-1。

表2-1　　　　　　　　1min后内阻测仪对蓄电池组测试结果表

电池序号	电压（V）	内阻值（mΩ）	电池序号	电压（V）	内阻值（mΩ）	电池序号	电压（V）	内阻值（mΩ）	电池序号	电压（V）	内阻值（mΩ）
1	2.217	0.912	27	2.251	1.522	53	2.313	1.462	79	2.349	1.54
2	2.296	1.002	28	2.229	1.533	54	2.281	1.366	80	2.359	2.371
					......						
16	0	无穷大	42	2.198	1.383	68	2.23	2.008	94	2.296	1.575
					......						
25	2.228	1.517	51	2.309	1.518	77	2.32	2.223	103	2.166	0.954

4）检查蓄电池电压正常，用30A电流继续对第1组蓄电池进行核对性放电，试验装置不到一分钟后自动终止放电，经检查直流电源系统监控单元断电，蓄电池组无电压。对第1组蓄电池组进行内阻测试，发现8号蓄电池两接线端子间无

电压，内阻无穷大。使用内阻测仪对蓄电池组测试结果详见表 2–2。

表 2–2　　　　　　　6min 内阻测仪对蓄电池组测试结果表

电池序号	电压（V）	内阻值（m）	电池序号	电压（V）	内阻值（m）	电池序号	电压（V）	内阻值（m）	电池序号	电压（V）	内阻值（m）
1	2.217	0.923	27	2.251	1.529	53	2.313	1.462	79	2.349	1.425
2	2.296	1.002	28	2.229	1.533	54	2.281	1.366	80	2.359	2.371
……											
8	0	无穷大	34	2.225	1.821	60	2.238	2.521	86	2.331	1.726
……											
16	0	无穷大	42	2.198	1.383	68	2.23	2.008	94	2.296	1.575
……											
26	2.203	1.929	52	2.234	1.615	78	2.214	1.711	104	2.165	0.834

5）将 8、16 号蓄电池退出，用 30A 电流对蓄电池组进行核对性放电。经检查 34 号蓄电池不满足规范要求，93、26 号蓄电池临界状态。放电 6h，共发现除 16、8 号蓄电池外，还有 3 只蓄电池（96、33、34）低于 1.8V。试验终止。

3. 故障原因分析

该站第 1 组直流电源系统已投运 7 年，期间运行巡视及定检均按期进行，最近一次充放电试验时间是 2014 年 10 月 15 日，试验成绩合格。9 月 6 日按省公司要求，针对故障现象对第 1 组蓄电池进行充放电试验，试验前检查蓄电池电压表指示 227V，直流电源系统正常，无任何异常告警。试验 1min 后 16 号蓄电池电压为零值，内阻无穷大。短接 16 号蓄电池，继续放电试验，内阻测仪对蓄电池组测试结果详见表 2–1；6min 后 8 号蓄电池电压为零值，内阻无穷大。内阻测仪对蓄电池组测试结果详见表 2–2。

9 月 8 日对 16、8 号 2 只蓄电池进行解剖，发现 2 只蓄电池内部均发生断裂、且腐蚀现象严重。据此分析，故障发生后第 1 组蓄电池供电期间，因蓄电池内部腐蚀严重，性能降低，导致直流母线电压降低。

三、故障处理过程

相关故障发生过程：

（1）1 号直流电源屏：12 时 20 分直流电源交流消失。

（2）220kV 故障录波器装置：2 时 19 分 15 秒 237 毫秒直流失电。

（3）1 号主变压器 A 屏保护：12 时 19 分 18 秒 239 毫秒失电退出保护；12

时 28 分 50 秒 499 毫秒保护投入运行。

（4）变电站监控后台信息：2015 年 9 月 1 日 12 时 19 分 47 秒 369 毫秒，全站保护测控装置通信中断。2015 年 9 月 1 日 12 时 28 分 6 秒 120 毫秒，全站保护测控装置通信恢复。

（5）1 号直流屏告警信息。2015 年 9 月 1 日 10 时 56 分 47 秒至 11 时 6 分 13 秒，1 路交流停电。2015 年 9 月 1 日 10 时 56 分 47 秒至 11 时 6 分 13 秒，2 路交流停电。

因为现场直流电源设备不具备接入 GPS 功能，直流屏记录时间与 GPS 屏存在 1h 24min 时间差，经过换算 1、2 路交流电源停电时间应为 12 时 20 分～12 时 30 分之间。

四、故障处理与防范措施

1. 故障处理
更换第 1 组直流电源系统全部蓄电池。

2. 防范措施
（1）对第 1 组直流电源同批次蓄电池组进行一次充放电试验，并测量内阻。
（2）对其他变电站交、直流电源设备进行一次全面的排查，更换不合格蓄电池组。
（3）建议运行七至八年以上（容量低于 85%）蓄电池组，每半年进行一次核对性充放电。

案例 9　66kV 变电站蓄电池异常运行造成燃毁故障

一、故障简述

2015 年 11 月 7 日 23 时 49 分，辽宁 66kV 某变电站发生一起蓄电池燃毁故障。事故发生时，安全保卫人员闻到一股烟熏味道并听到有火灾报警的声音，变电站主控室及保护室室内有大量浓烟，运维人员到达现场协助消防人员进行灭火，检查发现保护室内东北角 1、2 号蓄电池组屏柜顶层及中层的蓄电池着火，此时，蓄电池组所有电池已烧损，充电装置故障停止运行。

二、故障原因分析

1. 系统组成
该站直流电源系统操作电压为 DC 220V，系统接线采用单母分段接线运行方式，配置 1 组蓄电池，个数 108 只，容量 150Ah；配置 1 组充电装置。

2. 故障描述

（1）外观检查情况。事故现场两个屏柜内 108 只蓄电池组已经烧损无法使用，如图 2−16 所示。

（2）试验检测情况。检查发现蓄电池组已烧毁，全站直流电源停运，操作电源、保护装置等直流失压。

3. 故障原因分析

（1）导致蓄电池组着火直接原因。在正常使用时，有两种情况下固定型阀控式铅酸电池有可能着火。一是电池极柱大量漏酸，电解液滴到其他电池或设备上，正负极之间形成回路，短路引起燃烧；二是电池短路，内部电流过大，阀控关闭不严，引起燃烧。

从图 2−17 中得知，与上面两层电池相比，地面最近的下层蓄电池烧损情况较轻。着火部位主要是从蓄电池直流屏屏柜的上、中层蓄电池开始燃烧，电解液流淌到下层蓄电池随之短路着火（蓄电池组分上、中、下三层布置）。

图 2−16　事故现场 2 个蓄电池　　　图 2−17　蓄电池直流屏底层未被完全损毁的电池
　　　　　直流屏烧损

（2）现场调查分析。

1）据现场实地考察该站，其冬季保护室内环境温度低于 20℃，达不到厂家技术使用手册要求的 20～25℃详见图 2−18，因为只有在设计最佳条件附加合格的浮充电电压下才能达到电池设计寿命为 10～15 年。

从上述内容可知，环境温度符合 5～35℃，一般设备运行温度，达不到阀控式蓄电池基准温度 25℃，由厂家浮充寿命与温度曲线得知低于 20℃（常年恒温）能运行 10 年，按设计寿命来看并未超期服役。

2）从班组记录中得知，2012 年 7 月 2 日和 2013 年 11 月 22 日描述无异常情况，两年内均没有 100%核对性充放电试验记录等相关材料作为有效支撑数据。

3）现场发现，电池极柱、连片被酸腐蚀、变形较严重。电池有 47、49、64、106、107 号，如图 2−19 所示。

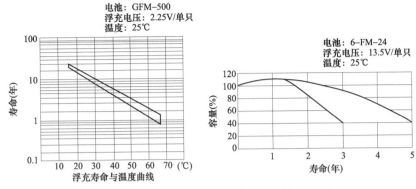

图 2-18　厂家技术使用手册中第 18 页阐述观点

从现场调查分析，蓄电池组存在电池极柱、连片被酸腐蚀，导致蓄电池极柱根部变形；蓄电池外壳、阀控部分严密，蓄电池内部化学反应产生的气体，使压力升高电解液从极柱中泄流出来的问题。

现场调查得知：

图 2-19　该变电站存在问题的蓄电池组

a. 2014 年 4 月 11 日发现有 5 只电池为 0V，采取了紧急补救措施，这说明整组蓄电池已经存在质量隐患。

b. 2014 年 11 月 3 日放电试验中，仅仅 12min 29 号电池电压很快下降到终止电压值。原因是蓄电池内部失水干涸、电解物变质。

由厂家资料提供：电池内部采用超细玻璃纤维隔板，在无游离酸的情况下，使氧气内部循环再复合，无气体排出。

4）游离态电解液泄漏原因。游离态电解液泄漏原因造是被吸附的电解液不再被纤维玻璃隔板隔膜吸附，游离态电解液过多，在蓄电池内部产生"富液"。设计的电解液注入量虽然没有超过玻璃纤维隔膜的最大理论吸附能力，但是，由于阀控式密封铅酸蓄电池装配为紧装配，装配完成后，极板和外壳会对玻璃纤维隔膜产生挤压作用，玻璃纤维隔膜所受压力越大，压缩比越大，其吸附电解液的能力越小，详见表 2-3，从而造成其最终实际吸附的电解液量小于其最大理论吸附量，使得注入的电解液不能被完全吸附，造成蓄电池内部出现"富液"。

表 2-3　　　　　　　　玻璃纤维隔膜压缩比对吸酸量的影响

压缩比（%）	吸酸量（g）	压缩比（%）	吸酸量（g）
10	18.78	20	16.56

压缩比（%）	吸酸量（g）	压缩比（%）	吸酸量（g）
30	14.34	50	9.89
40	12.12	—	—

由厂家资料得知：

正极　　　　　$PbSO_4+2H_2O$（充放电）$PbO_2+H_2SO_4^+2H^++2e-$

正极副反应　　　　$H_2O \rightarrow$（充电）$1/2O_2 \uparrow +2H^++2e-$

负极　　　　　$PbSO_4+2H^+$（充放电）$Pb+H_2SO_4$

负极副反应　　　　$2H^++2e- \rightarrow$（充电）$H_2 \uparrow$

因此，当蓄电池内部出现短路现象时，大电流放电发热的同时生成水

$$H_2O+1/2O_2 \uparrow +H_2 \uparrow （充电）H_2O \uparrow$$

方程式为　　$Pb+PbO_2+2H_2SO_4 \rightarrow 2PbSO_4+2H_2O$

经上述分析得知，蓄电池内部产生了多余的液体，从而使蓄电池极柱漏酸，电解液滴到其他蓄电池或设备上，正、负极之间形成回路，短路引起蓄电池燃烧。

三、故障处理过程

2015 年 11 月 07 日 23 时 49 分，该站安全保卫人员闻到一股烟熏味道并听到有火灾报警的声音，变电站主控室及保护室室内有大量浓烟。

（1）23 时 53 分～00 时 40 分运维人员到达现场协助消防人员进行灭火，检查发现保护室内东北角 1、2 号蓄电池组屏柜顶层及中层的蓄电池着火，发现蓄电池组所有电池已烧损，充电装置故障停止；10kV Ⅱ 段保护屏后（与电池屏背靠背电池屏）的各个保护空气断路器已烧焦，保护装置已失去工作电源。

（2）2015 年 11 月 8 日 1 时 3 分，专业人员赶到现场。检查发现蓄电池组已烧毁，全站直流电源停运，操作电源、保护装置等直流电源失压。经直流班抢修处理使直流充电装置启动工作，保证该变电站内恢复直流电源供电，避免了该变电站故障进一步扩大。

（3）11 月 8 日早上 8 时，专业人员进行现场抢修，至中午 12 时完成新蓄电池组安装，直流电源系统恢复正常运行。

四、故障处理与防范措施

1. 故障处理

（1）立即对该站事故现场进行清理维修，更换安装新蓄电池组。

（2）对其他变电站同型号蓄电池进行抽样解体检查，如有发现极板严重腐蚀

的情况，立即整组更换。

（3）进一步加强蓄电池的巡视和检查。定期开展蓄电池动态充放电试验，并记录充放电后蓄电池电压和电阻情况。

2. 防范措施

通过对该站事故分析，对变电站蓄电池运行维护总结如下经验：

（1）固定型阀控式蓄电池在有条件的无人变电站内尽量安装在专用蓄电池室内，环境温度应满足蓄电池厂家技术规范运行。

（2）根据 DL/T 724—2000 规定的 4.4 要求：300Ah 及以下可以安装在柜内，直流电源柜可布置在控制室内，也可布置在专用电源室。因此，该站在规定两者之间。

（3）为了防范以后再出现类似事件，提出以下整改措施：

1）尽快将不符合条件其他类同变电站蓄电池进行更换。如果有实际困难，可以分步进行。

2）加强人力资源配置，加强定期员工对科普教育培训，加强检修队伍技术能力。

3）在远期技改方案中，利用各个变电站内网互联网，将蓄电池组在线运行数据通过变电站管理后台服务器远传到管理班组，实施在线生成数据。每日有报告，有利于监控检查，缩短巡检周期，节约人力资源。

案例 10　110kV 变电站蓄电池组燃烧事故

一、故障简述

2007 年 5 月 29 日凌晨 03:22 分，宁波 110kV 某变电站门卫值班员听见烟感装置动作报警，主控室有异常爆裂声，发现主控室内已有大量烟雾，无法进入；4 时 15 分运行人员佩戴防毒面具进入主控室，此时蓄电池整组烧毁，蓄电池柜、直流充电及馈线柜严重烧损，部分保护、测控屏受高温熏烤，全站直流电源消失。

二、故障原因分析

1. 系统组成及运行方式

该站直流电源系统操作电压为 DC 220V，直流电源系统接线采用单母线分段接线运行方式，配置 1 组蓄电池和 1 组充电装置。个数 18 只，单只电池标称电压为 12V，容量 200Ah。

站内直流系统配置 1 组充电装置，并配备 6 台充电模块，输出至合闸母线，分别为蓄电池提供浮充电源、合闸母线提供电源。合闸母线电源通过自动降压硅链为控制母线提供电源。

正常运行状态下控制母线电压在 225V，合闸母线电压 242V。蓄电池组作为该站的备用直流电源，同时也作为 35kV 开关、10kV 开关的合闸电源，分为 35kV Ⅰ 段合闸电源和 35kV Ⅱ 段合闸电源（并列点在 35kV 母分开关柜）、10kV Ⅰ 段合闸电源和 10kV Ⅱ 段合闸电源（并列点在 10kV 母分开关柜）；控制母线为控制直流 Ⅰ 段、控制直流 Ⅱ 段。

2. 故障描述

（1）外观检查情况。该变电站现场直流电源系统充电设备和蓄电池组均已烧毁。

（2）试验检测情况。由于该站现场直流电源系统充电设备和蓄电池组均已烧毁，无法对其故障原因进行进一步的测试和分析。但从集控站后台直流电源历史数据收集到以下数据：

1）从集控站后台直流电源历史数据分析发现，该站直流母线电压自 5 月 21 日起大部分时间为 252V，也就是说充电装置长时间处于均充状态。

2）根据修试工区提供的该站蓄电池核对性充放电记录和运行单位提供的蓄电池浮充电压测试记录分析，该站部分电池容量已不足。在整组蓄电池中，各只蓄电池电压参差不齐，差异较大，有些蓄电池电压偏低，而有些蓄电池电压偏高。

3. 故障原因分析

由于变电站现场直流电源系统充电设备和蓄电池组均已烧毁，无法对其故障原因进行进一步的测试和分析，但从变电站和集控站对该站蓄电池和充电装置有关运行记录部分数据分析得出本次事故的原因如下：

（1）该变电站自 5 月 21 日开始记录直流母线电压基本为 252V（浮充电压设定为 242V，均充电压设定为 252V），也就是说明充电装置长时间处于均充状态。这已说明，蓄电池状况已恶化。因为该充电装置均充保护时间为 12h，当超过保护时间 12h 后，充电装置由均充转为浮充。

由于蓄电池组个别电池状况已是不良（可从蓄电池两端电压和蓄电池核对性充放电记录可看出），浮充充电电流很可能大于 2A，这时充电装置又转为均充。这样就形成了一个恶性循环：蓄电池状况差→充电装置均充 12h→充电装置浮充→浮充充电电流大于 2A→充电装置均充 12h→蓄电池状况更差→浮充充电电流大于 2A→充电装置均充 12h→……这已形成恶性循环，随着时间的推移，就会导致电池内部水分逐渐丢失，电池性能也逐渐恶化。

由于充电装置没有判断蓄电池故障的功能，也未有蓄电池在线监测的功能，运行人员无法获悉充电装置工作状态并及时处理。因此蓄电池性能恶化，长期均充是造成本次蓄电池故障的主要原因。

（2）根据修试工区提供的该站蓄电池核对性充放电记录和运行单位提供的蓄电池浮充电压测试记录分析，该站的部分电池容量不足，在此情况下，由于充电装置长时间处于均充状态，使蓄电池组严重过充，极有可能导致个别电池内部失水发热，发热积累到一定程度容易引起电池短路，处在均充状态下的短路极易发生打火和燃烧事故，进而引起电池爆裂。从现场烧损电池形状分析，电池外表无明显鼓肚和内部变形，也符合这一推断。

（3）该站未安装蓄电池和充电装置在线监测或状态监测设备，无法按照规程要求定期对蓄电池组进行必要的核对性容量测试和内阻测试，因此，运行和检修人员无法对数据进行系统分析和及早发现问题。

三、故障处理过程

2007 年 5 月 29 日凌晨 3 时 22 分，该站站门卫值班员听见烟感装置动作报警，主控室有异常爆裂声，发现室内已有大量烟雾，无法进入，同时汇报该地区集控站。

3 时 24 分，集控站后台机收到该站直流屏内故障报警信号；

3 时 29 分，该变电站 RTU（远程终端单元）中断，集控站值长当即派运行人员前去该站现场检查处理，并拨打 119 火警电话和向各级调度和工区领导汇报初步情况；

4 时 15 分运行人员到达现场，发现主控室内有大量烟雾，再次拨打 119 火警电话并隔离电源。待消防队员进入主控室打开门窗后，运行人员佩戴防毒面具进入主控室，此时蓄电池整组烧毁，蓄电池柜、直流充电及馈线柜严重烧损，部分保护、测控屏受高温熏烤，全站直流电源消失。

四、故障处理与防范措施

1. 故障处理情况

（1）立即恢复该站的正常供电。要求调度所根据该地区供电局提供恢复送电次序表，在 6 月 1 日前恢复重要用户线路供电，其余部分受损二次设备请调度所联系厂家购买备品，尽快恢复供电。修试工区尽快恢复变电所直流电源正常运行方式。

（2）调度所联系并落实设备带电除尘厂家，在近期对该站主控室设备进行一次全面带电除尘，改善设备运行环境。

（3）请该地区供电局近期恢复该站的值班制度，并加强设备的运行巡视检查。

2. 防范措施

（1）从本次设备事故中可以看出运行单位对站用电源运行维护理解和掌握程

度不够，应加强该方面的知识培训，完善防止变电站全停事故预案中交直流站用电源部分相关内容，提高运行人员技能水平和事故处理速度。

（2）加快蓄电池室改造力度，设置独立蓄电池室，并安装必要的空调装置。统计站用交直流电源及蓄电池组等设备的在线监测、维护设备安装情况，对同类事故设备进行排查。

（3）举一反三，要求各运行单位立即对所辖变电站进行全面的蓄电池组运行状况和性能质量、充电装置工作状态的检查。

（4）建议今后变电站可配置蓄电池和充电装置在线监测或状态监测设备。

案例 11　单只蓄电池失效造成整组蓄电池无容量输出

一、故障简述

北京 220kV 某变电站在对第 2 组蓄电池进行核容试验时，第 43 号蓄电池电压下降至 1.80V，此时其余蓄电池电压均为 1.99～2.01V；由于 43 号蓄电池电压下降至蓄电池核容保护电压，整组蓄电池停止放电，核对性容量测试完毕，整组蓄电池的容量仅为 55%，使单只蓄电池失效影响了整组蓄电池容量。

二、故障原因分析

1. 系统组成

该变电站直流电源系统操作电压为 220V，系统接线采用单母线分段接线运行方式，配置 2 组蓄电池和 2 套充电装置。

2. 故障描述

（1）蓄电池外观检查无明显异常。

（2）充电装置输出电压正常。

3. 故障原因分析

（1）工艺原因。由于个别蓄电池在原材料、工艺、注酸量及浓度、安全阀开启关闭应力等方面不够规范，导致个别蓄电池不达标，而使用部门缺乏完善的验收机制或验收手段，未能甄别出不达标的电池，当不达标的蓄电池投运后，便会很快因硫化、失水、变形等原因，造成蓄电池早期失效。

（2）维护不到位。存在离散性的一组蓄电池投运后，在充放电过程中会表现出一定的电压离散性，这种离散性最终必然会导致同一组蓄电池中有个别蓄电池处于欠充状态或过充状态，如果没有及时对过充的蓄电池或欠充的蓄电池进行活化维护，长期运行下去，离散性大的蓄电池就会因硫化、失水等原因早期失效。

（3）充电装置输出电压不正确。充电装置的输出电压高于设定值或低于设定值，都会造成蓄电池长期处于过充状态或欠充状态，从而导致蓄电池长期处于失水状态或持续硫化状态，造成容量亏损，继而蓄电池失效。

三、故障处理过程

在对第 2 组蓄电池进行 0.1C 核对性容量测试 5.5h 时，第 43 号蓄电池电压下降至 1.80V，此时其余蓄电池电压均为 1.99～2.01V；由于 43 号蓄电池电压下降至保护电压，整组蓄电池停止放电，整组蓄电池的容量仅为 55%，远低于 DL/T 724—2000 规定的蓄电池组容量标准。

四、故障处理与防范措施

1. 故障处理

转移直流系统负荷，由直流Ⅰ段母线带全站直流负荷供电，将第 2 组蓄电池退出系统，拆除第 2 组蓄电池第 43 号蓄电池，再将第 104 号蓄电池安装在原 43 号蓄电池位置。在直流Ⅱ段直流监控器内将直流Ⅱ段充电装置的浮充电压修改为 232V，将直流Ⅱ段直流监控器内蓄电池个数由 104 改为 103。将直流系统调整回正常运行方式。

2. 防范措施

（1）严格按照验收标准，在保证蓄电池组容量的情况下，初充电完毕后整组蓄电池的一致性 2V 蓄电池不超过 0.03、12V 蓄电池不超过 0.06V。

（2）建议配置蓄电池性能功能的智能蓄电池组在线监测系统和增加蓄电池开路保护或跨接退出的设备和措施。

案例 12　110kV 变电站在运蓄电池组单体电压不一致

一、故障简述

某 110kV 变电站在运行 3 年后蓄电池一致性逐渐变差，此现象具有普遍性，蓄电池组单体电压最大偏差值达到 0.234V，超过允许范围。

随着时间的推移，将进一步加深蓄电池参数的不一致性，过充将导致电池失水、电解液干涸、热失控，欠充除自身容量不足外还会导致蓄电池极板硫化结晶而失去活性导致不可逆反应，出现这种情况后如果没有人为干预持续运行，将导致蓄电池容量下降直至损坏。

二、故障分析原因

1. 系统组成

该站直流电源系统采用单母线接线运行方式，配置 1 组蓄电池，个数 108 只，容量 200Ah；配置 1 组充电装置。

2. 故障描述

（1）外观检查情况。蓄电池外观正常，无漏液、变形等情况。

（2）试验检测情况。测试结果如下：蓄电池组单体电压报表及柱状图详见图 2-20。

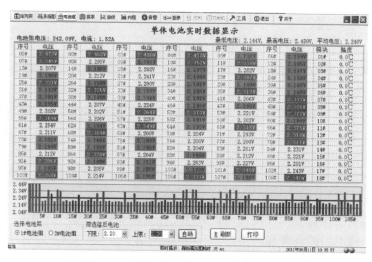

图 2-20　蓄电池组单体电压报表及柱状图

其中，74 号电池电压最低 2.144V，3 号电池电压最高 2.480V，平均电压 2.246V，最大电压偏差 2.480-2.246=0.234（V），大幅超出 ±0.05V 允许范围。

3. 故障原因分析

目前，现有的蓄电池组基本为串联运行方式。从技术上讲存在以下一些缺陷：

（1）在串联状态下的蓄电池组虽然充放电电流是一致的，但由于各单体电池会因生产线制造工艺精度或配组控制精度问题产生很细微的差异（不是质量或工艺有问题），导致每只蓄电池实际参数不可能完全一致，如自放电率、容量、内阻等性能。

（2）蓄电池一致性逐渐变差，这些细微的差异随着时间的积累（如一年以上）就能达到相当的水平，比如自放电率较低的一些电池已经开始出现了较严重的过充（最高电压达到 2.480V），已经超过蓄电池均充电压，自放电率高或容量稍大的电池出现较严重的欠充（最低电压 2.144V），最大电压偏差 0.234V，超出 ±0.05V 允许范围。

（3）随着时间的推移，将进一步加深蓄电池参数的不一致性，过充将导致蓄电池失水、电解液干涸、热失控，欠充除自身容量不足外还会导致蓄电池极板硫化结晶而失去活性导致不可逆反应，出现这种情况后如果没有人为干预持续运行，将导致蓄电池容量下降直至损坏。

三、故障处理与防范措施

1. 故障处理情况

（1）定期均充（提高充电电压的强充方式）。定期均充会使欠充电池得到一定的电量补充，但对于已经过充的部分电池，电压会迅速大幅升高，导致充电电流迅速下降，这就造成欠充的部分电池实际补充的电量很有限，但对于本来就已经过充的电池却又带来严重的过充伤害，可能导致电池失水、电解液干涸、热失控等情况，严重影响电池使用寿命，所以这种方法不是理想的解决方案。

（2）智能自主均衡技术。由于蓄电池个体微小差异的存在，并且差异各不相同，很难靠人工方式定期检查维护，建议采用智能自主均衡技术，实时在线监测每只蓄电池单体电压，在线维护电池组中每只电池电压均保持一致（±0.05V 以内），完全避免蓄电池组出现单体过充和欠充的情况，即可彻底消除因单体电池电压不均衡对电池寿命和容量导致的严重伤害，让蓄电池组中每只电池都始终工作在设计最佳的工作状态，从而提高直流电源系统的运行安全性，使电池的正常使用寿命接近于蓄电池的设计寿命。智能自主均衡技术的基本思路如图 2-21 所示。

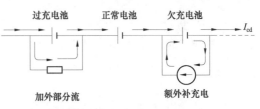

图 2-21 智能自主均衡技术示意图

均衡管理分为三种策略，即浮充策略、均充策略和放电策略。

1）浮充策略。均衡管理以模块为单位，每个模块管理 12 节电池，此策略中是优先充电的，判断依据首先找出此模块中最高电池电压和最低的电池电压，然后计算出最高电压和最低电压与系统中单体电池平均电压之间的差值的绝对值。

如果高出部分与低出部分相当的情况下是优先充电，因为蓄电池组是以整组进行浮充，当电压较低的电池因充电而电压升高后，那么对于过充而电压高的电池自然就会下降，因为总电压是一定的，再者对欠充电池充电对电池本身是有百利而无一害的。

如果出现电池电压高出部分较低出部分明显较大情况下，就会启动对电压高的电池进行平衡电阻分流的方式来平衡浮充电流，使蓄电池电压因浮充电流的减小而下降，依次循环执行判断，最终使蓄电池组中的单体电压都达到一致（±0.05V以内），实际在现场应用中已经能达到最高电压与最低电压之间压差在6mV以内，即这就是一种非常理想的浮充电运行状态。

2）均充策略。均充策略中是优先平衡旁路电流的，只是比浮充策略的平衡旁路电流要大，可以达到0.8A以上，因为此策略是以保护电池、防止过充为主要目的的。

因为均充过程中充电电流是较大，一般在10A以上，所以当容量小一些的电池已经充满时再去防止过充一般效果就很差了，因为电流较大难以控制，所以必须是旁路平衡电路提前介入，较早参与到保护电池的序列，将大大延长此策略保护电池工作时间，平衡更多的能量，有效地防止了电池过充，并且此策略也不会对电池导致任何伤害，因为旁路的平衡电流全部来源于充电装置，只是提前就有效减小了将要过充电池充电电流，此电池将得到较少的充电量，自然也就减少了过充伤害，判断依据是当蓄电池组中单体平均电压达到2.28V以上的时候均充策略自动启动，此时找出此模块中最高电池电压和最低的电池电压，然后计算出最高电压和最低电压与系统中单体电池平均电压之间的差值的绝对值。

如果高出部分大于低出部分四分之一的情况下，就开始启动对电压高的电池进行平衡电阻分流均充电流，否则将对电压较低的电池进行充电，这与浮充策略大致是相同的，但是提高了平衡电路电流，并且大大提早了平衡控制电路工作的开始工作点，对于电池过充保护来说是非常必要的。

3）放电策略。放电过程中均衡技术默认是关闭的，因核对性放电试验目的就是要验证电池的真实容量和状态，如在此过程不关闭均衡功能，将无法测试出各单体电池真实性能状态。

2. 防范措施

从上述分析，均衡效果可从图2-22看出，加装采用智能自主均衡技术的CK-BMU蓄电池在线内阻监测均衡维护系统后，上述蓄电池组单体电压报表及柱状图（见图2-22）。

其中，1号电池电压最高2.251V，8号电池电压最低2.241V，平均电压2.245V，最大电压偏差2.251-2.245=0.006（V），远远小于±0.05V允许范围，效果非常理想。

在今后的变电站中，减少运行维护工作量，建议加装采用智能自主均衡技术的蓄电池在线内阻监测均衡维护系统解决蓄电池组参数不一致性问题，保证蓄电池容量输出。

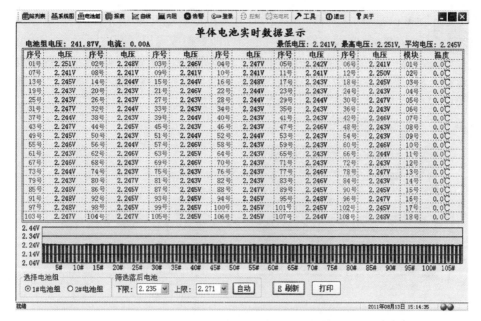

图 2-22　蓄电池组单体电压报表及柱状图（采用智能自主均衡技术）

案例 13　500kV 变电站蓄电池内部极板栅格断裂刺穿隔层故障

一、故障简述

2006 年，某 500kV 变电站发生一起蓄电池内部极板栅格断裂事故，经现场解剖发现，蓄电池内部的第三片负极板格栅断裂、翘起，并刺穿绝缘隔层与正极板导通，造成内部极板间短路，加大电池自放电电流，导致蓄电池容量下降。

二、故障原因分析

1. 系统组成

该站直流电源系统操作电源采用 DC 110V，直流电源系统采用单母线分段接线运行方式，并配置有 2 套充电装置和 2 组蓄电池。蓄电池容量为 500Ah/每组，个数 54 只/每组。

2. 故障描述

（1）外观检查情况。在对异常的 40 号蓄电池的外观检查中未发现有明显异常现象。

（2）试验检测情况。对该蓄电池进行 10h 放电率进行核容检查，使用 0.1C 电

73

流放电不足 6h 电压即接近截止电压,计算蓄电池容量仅为 300Ah,为额定容量的 60%,不满足 80%的要求,按规程规定需立即更换或退出(减电池运行)。

(3)解体检查情况。为了进一步确认故障原因,对于退出 40 号故障蓄电池进行解剖分析,经解剖发现,蓄电池内部的第三片负极板格栅断裂、翘起,并刺穿绝缘隔层,与正极板导通,造成内部极板间短路,加大了电池自放电电流,导致容量下降。极板格栅断裂图详见图 2-23。

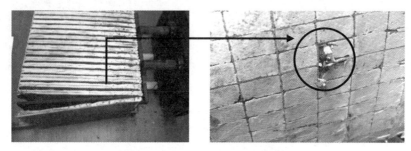

图 2-23   第三片负极板格栅断裂图

3. 故障原因分析

阀控式密封铅酸蓄电池的极板分为板栅和活性物质两部分,正极板与负极板之间有绝缘隔层,在以上描述的故障现象中,板栅断裂的原因可能是生产安装板栅时造成或蓄电池组在运输、安装时工艺不规范,蓄电池磕碰造成。投入运行后,蓄电池持续充、放电,断裂的板栅在电化学的作用下逐渐鼓胀挤压,最终刺穿了绝缘隔层,与正极板导通造成短路,使得蓄电池容量下降。

三、故障处理过程

2006 年,该 500kV 站在直流维护工作人员对直流电源系统进行巡检测量时发现,第 2 组蓄电池中 40 号电池单体的电压为 2.19V,较正常浮充电压值 2.25V 要偏低,为了确认故障,进行及时故障上报,并且对 40 号电池进一步检测确认故障。

四、故障处理与防范措施

1. 故障处理

查明原因后,由厂家按照配阻法原则选取内阻相近的电池进行更换。

2. 防范措施

(1)建议日常定期对蓄电池进行内阻巡检,一方面进行蓄电池内阻变化趋势的管理,另一方面进行整组蓄电池一致性管理,若发现蓄电池组内单个电池参数差异较大,应采取进一步的检查,以发现隐藏缺陷,并及时更换隐患电池。

（2）定期检查蓄电池极柱端、阀门、外壳等是否有变形、晶体等异常现象。

（3）蓄电池组应严格按照安装工艺流程，应使用绝缘工具和力矩扳手，运输、安装，严禁磕碰等外力破坏。

（4）按正确方法合理地进行蓄电池充放电维护试验，防止活性物质脱落，脱落物填满壳体底部沉积槽后，造成正负极板下部短路的。

案例14　110kV变电站因雷雨造成蓄电池组失火故障

一、故障简述

某110kV变电站为无人值守变电站，2005年8月某天，为雷雨天气，由雷击引起过电压入侵蓄电池组后，导致蓄电池组绝缘击穿造成短路，引起蓄电池组失火故障。

二、故障分析原因

1. 系统组成及运行方式

该站直流电源系统采用直流双母线接线方式，并配置有2套充电装置及2组蓄电池。

正常情况采取分列运行供电方式：即母联断路器分位，充电模块经充电装置输出开关到对应合闸母线，蓄电池组直接接于相应的合闸母线，经硅堆单元降压，再经直流Ⅰ段母线进线开关、直流Ⅱ段母线进线开关到馈线屏负载。

图2-24　蓄电池组外观

2. 故障描述

事故发生后，到现场检查发现，整组蓄电池均已烧毁，详见图2-24。

3. 故障原因分析

（1）蓄电池组着火原因初步分析由雷击引起。雷击过电压入侵蓄电池组后，导致蓄电池组绝缘击穿造成短路，引起蓄电池组失火故障。

（2）蓄电池外壳材料不阻燃。发生失火后，导致火苗扩大，最终发生整组蓄电池烧毁事故，并导致第1组直流电源系统停电。

三、故障处理过程

故障前，站内直流电源系统正常运行。2005年8月某日，因雷雨天气，直流

Ⅰ母线失压，第1组蓄电池组起火燃烧，第1组直流充电装置损坏。故障后，抢修人员赶到现场后，将直流Ⅰ母线的负荷倒至直流Ⅱ母线供电。

四、故障处理与防范措施

1. 故障处理
更换整组蓄电池。

2. 防范措施
（1）直流电源系统供电电缆及蓄电池组外壳等材料应严格按照国标、行标和相关企业标准采用阻燃材料。

（2）两组蓄电池建议配置双蓄电池室安装，以避免一组蓄电池着火导致另一组蓄电池故障。

案例15　110kV变电站蓄电池室温度高造成蓄电池损坏

一、故障简述

2005年7月，某110kV变电站巡检人员在巡检工作中发现第一组蓄电池中有多只蓄电池单体出现鼓胀、漏液等异常现象，经检查其电池电压和内阻数据出现异常，蓄电池室内温度已高达47℃。

二、故障分析原因

1. 系统组成及运行方式
该站直流电源系统采用单母线分段接线运行方式，并配置有2套充电装置及2组蓄电池。

正常情况采取分列运行供电方式：即母联断路器分位，充电模块经充电装置输出开关到对应合闸母线，蓄电池组直接接于相应的合闸母线，经硅堆单元降压，再经Ⅰ段母线进线开关、Ⅱ段母线进线开关到馈线屏负载。

2. 故障描述
（1）外观检查情况。蓄电池安装于靠窗位置，如图2-25所示，蓄电池室内温度高达47℃，使多只蓄电池单体出现鼓胀、漏液等异常现象。

（2）试验检测情况。在发现蓄电池异常后进

图2-25　蓄电池安装于靠窗位置

一步对蓄电池的电压和内阻进行检测试验，发现大部蓄电池电压和内阻已出现异常状态。

3．故障原因分析

由于该蓄电池室有大面积的西朝向窗口，且无任何的遮阳措施，阳光直晒，高温造成电池膨胀变形损坏。根据铅酸蓄电池的工作环境要求，蓄电池工作的环境温度范围为20～30℃，浮充电压为2.23～2.27V，当温度为20℃时，浮充电压应为2.27V，当温度为30℃时，浮充电压应为2.23V。由于蓄电池受到了阳光直晒，导致蓄电池室的环境温度升高，引起蓄电池内部压力及内阻增大，失水加快，最终引起电池膨胀变形。

三、故障处理过程

该站巡检人员在巡检工作中发现第1组蓄电池中已有多只蓄电池单体出现鼓胀、漏液等异常现象，经检查其电池电压和内阻数据出现异常。

四、故障处理与防范措施

1．故障处理

（1）将1组直流电源系统退出运行，相应的直流Ⅰ段母线负荷倒至直流Ⅱ段母线供电。

（2）更换故障蓄电池。

（3）改造蓄电池室，对西朝向的窗口采取遮阳措施，消除阳光直晒蓄电池的缺陷。

2．防范措施

（1）蓄电池室应该采取遮阳措施，尤其是西向的窗口，温度对阀控式蓄电池的寿命有着重要影响，凡满足不了运行温度要求时，应安装空调或采取其他采暖、降温措施。

（2）严格控制电池室内的温度，不能高于30℃，当温度为25℃时，阀控式蓄电池的浮充电压值应控制为2.23～2.28V，一般宜取2.25V。

（3）加强巡检人员在直流电源系统方面的专业知识、维护知识、异常状态判断等方面培训，增强日常巡视过程中及时发现蓄电池的异常状态判断能力。

山东金煜电子科技有限公司　　　　山东智洋电气股份有限公司　　　　杭州中恒电气股份有限公司

第三章 直流电源系统充电装置故障

案例1 66kV变电站因雷击过电压引发充电装置故障

一、故障简述

2015年8月3日10时5分,东北某地区突降暴雨,某66kV变电站运行人员听到直流系统告警声音,运行人员到直流屏前检查,得知告警信息为直流系统故障、充电装置异常。10时47分,专业人员到达故障现场检查发现,充电装置全部烧损;进一步检查,发现充电装置交流电源防雷、滤波模块接地点螺栓虚接,导致模块受雷击浪涌过压烧损。该站直流系统充电装置的4台高频开关充电模块全部因故障停止工作。

二、故障原因分析

1. 系统组成及运行方式

该站直流电源系统操作电压为DC 220V,直流电源系统接线采用双母线接线运行方式,配置1组蓄电池和1组充电装置。蓄电池个数104只,容量200Ah。

站内直流系统配置1组充电装置,并配置4台充电模块,输出至合闸母线,分别为蓄电池提供浮充电源、合闸母线提供电源。通过硅链自动降压为控制母线提供电源。该站直流电源系统接线如图3-1所示。

正常运行状态下控制母线电压在228V,合闸母线电压235V。蓄电池组作为变电站的备用直流电源,同时也作为10kV开关的合闸电源,分为10kV Ⅰ段合闸电源和10kV Ⅱ段合闸电源。

2. 故障描述

(1)外观检查情况。充电模块液晶显示黑屏,故障灯亮;充电模块内部有烧焦气味。

(2)试验检测情况。充电模块端口测量:交流输入端口电压381V,直流输出端口电压0V。

(3)解体检查情况。对故障充电模块进行解体发现:第1台充电模块整流电桥已击穿,如图3-2所示;第2、4台充电模块电源模块主板电子元件烧损,如图3-3所示;第3台充电模块整流变压器烧损,如图3-4所示。

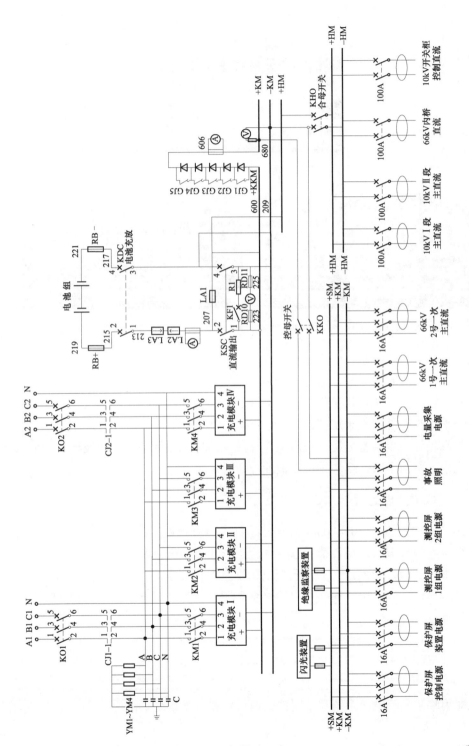

图 3-1 事故变电站直流电源系统接线图

图3–2　充电模块整流桥烧损

图3–3　充电模块主板电子元件烧损

图3–4　充电源模块整流变压器烧损

3. 故障原因分析

事故后对4台充电模块进行逐个解体检查并试验：第1台充电模块整流电桥已击穿；第2台充电模块主板烧损；第3台充电模块整流变压器烧损；第4台充电模块整流电桥外接端子烧损。4台充电模块均出现不同故障，停止工作。

经现场进一步检查分析，发现充电装置交流输入电源防雷、滤波模块接地点螺栓虚接，雷雨季节，模块受雷击浪涌过压时烧损。

三、故障处理过程

2015年8月3日10时05分，该站运行人员听到直流系统告警声音，运行人员到直流屏前检查，发现告警信息为直流系统故障、充电模块充电装置异常。

10时15分，该站运行人员向变电运维室专责汇报，并向运维检修部专责汇报，运维检修部专责电话通知变电检修室电源班班长，决定组织人员到故障现场查找故障点。

10时41分，变电检修室电源班人员到达故障现场，经进一步检查测量发现，直流控制母线电压已降至178V（标准母线电压为228V），该站直流系统充电装置的4台充电模块全部因故障停止工作，该站直流电源系统失电。由于无备件，现场立即用临时直流电源系统和备用蓄电池组代替直流系统工作。

四、故障处理与防范措施

1. 故障处理

（1）立即对该站直流电源系统进行更换。

（2）对其他变电站同型号充电模块进行抽样解体检查，如发现异常情况，立即更换。

（3）加强充电装置的巡视和检查。定期开展充电装置启停机试验，并记录动作情况。

2. 防范措施

目前，66kV 变电站直流电源系统典型设计普遍采用单电单充供电模式，充电装置发生故障造成停机导致直流输出异常，若此时变电站蓄电池开路或容量不足将导致变电站直流电源失压，全站保护失去作用，扩大事故范围。防范措施如下：

（1）加强变电站充电装置运行管理，及时发现问题消除安全隐患。

（2）加强蓄电池运行管理，保证变电站直流电源可靠、稳定。

（3）加强充电装置交流输入电源防雷装置的检查和试验。

案例 2 110kV 变电站充电模块过热导致自身保护无输出

一、故障简述

2014 年 8 月 5 日，浙江某 110kV 变电站直流电源系统（智能站用交直流一体化电源系统）充电模块告警，无电流输出，变电站直流负荷由蓄电池组供电，直流电源系统母线电压持续下降，充电模块散热风扇停止工作，发热严重，判断是过热导致自身保护无输出。

二、故障原因分析

1. 系统组成及运行方式

该站直流电源系统操作电压为 DC 110V，直流电源系统接线采用双母接线运行方式，配置 1 组蓄电池和 1 组充电装置。蓄电池个数 54 只，容量 200Ah。

站内直流系统配置 1 组充电装置，并配备 5 台充电模块，输出至合闸母线，分别为蓄电池提供浮充电源、合闸母线提供电源。通过硅链自动降压为控制母线提供电源。

正常运行状态下控制母线电压 115V，合闸母线电压 121V，直流馈线 Ⅰ 段、Ⅱ 段分段运行。

2. 故障描述

（1）外观检查情况。对该站充电模块进行了外观检查，未见明显异常。

图 3-5　故障充电模块

（2）试验检测情况。对该站充电模块进行了检查和带负荷试验，发现部分充电模块的散热风扇出现故障，不能正常运行，同时部分充电模块的带负荷能力不达标，超过 60% 负荷时就出现过载保护停止输出。故障充电模块如图 3-5 所示。

3. 故障原因分析

（1）充电模块过热保护，导致无输出，致使蓄电池组带全站负荷。

（2）充电模块风冷功能失效，导致当其中 1 台充电模块故障，其他充电模块负载加大时，散热不良，连锁反应使剩余充电模块保护动作，即充电模块过热导致自身保护无输出。

三、故障处理与防范措施

1. 故障处理

（1）立即对该站全部充电模块进行更换。

（2）加强对该站充电装置的日常巡视检查。

（3）对新换充电模块进行负荷测试和带负荷测温测试。

2. 防范措施

（1）加强直流电源系统的 C 级检修和预防性试验工作。有条件的情况下，对充电模块的各项参数进行测试，及早发现运行中的设备因为老化出现的各种问题。

（2）加强充电模块散热系统的清洁和巡视。

（3）保证充电装置环境温度在合格范围。

案例 3　充电装置充电模块冲击电流保护配置不合理

一、故障简述

湖南某 220kV 变电站更换直流电源系统。当更换完 1 号直流充电装置后，需要带电后检测其性能，充电装置输出端接放电负载仪，对充电装置的充电模块性能进行检验。合上充电装置输出开关，合上放电负载仪放电开关，主监控装置显示屏闪烁一下随即黑屏，充电装置内 5 台充电模块保护示警灯均点亮，直流母线电压为零，约 3s 后保护灯熄灭；待充电装置的充电模块工作稳定后，合上充电装置输出开关，上述现象重现。判断充电装置的充电模块冲击电流保护配置不合理。

二、故障原因分析

1. 系统组成及运行方式

该站直流电源系统采用单母线分段接线运行方式，配置有 2 套充电装置和 2 组蓄电池。每组充电装置配置 5 台充电模块。母线联络断路器在分闸位置，1 号充电装置带直流 I 段直流负载，2 号充电装置带直流 II 段直流负载。

2. 故障描述

（1）外观检查情况。第 1 组充电装置内 5 台充电模块保护动作，告警灯亮，模块电压显示为零，母线失压。

（2）试验检测情况。如图 3-6 所示为充电模块与负载连接电气原理图。在充电模块内部包含有输出电容 C1、C2，其间以输出电流采样电阻进行连接。在输出电容 C2 后接负载。负荷内部包含电容。充电模块开机后，充电模块输出电压较高（最高到 220V）；由于负荷处于断开状态，负荷电容上电压为 0V。当负荷断路器闭合时，内部电容直接接入到负荷电容上，从而导致冲击电流 I_2 很大；同时由于电流采样电阻阻值很小，I_1 也很大，从而触发了模块内部的输出短路误保护。

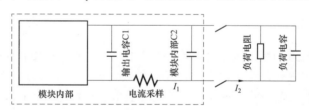

图 3-6　充电模块与负载连接电气原理图

鉴于以上分析，通过以下两个方法解决：

（1）如图 3-7 所示，在充电模块输出端子并联较大的电解电容，减小负荷断

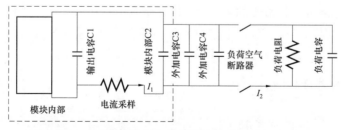

图 3-7　充电模块外加电解电容后与负载电气原理图

路器闭合瞬间 I_1，从硬件上消除冲击电流引起误保护的可能性。负荷断路器接通瞬间，外加电容 C3 和 C4 给负荷电容较大的瞬间冲击电流，冲击电流 I_1 比较平缓。

（2）更改程序，对采集到的电流信号进行时间积分，当冲击电流与时间的累加和值大于一定情况时，方作为输出短路的判据，从软件上消除了因冲击电流而误触发保护的可能。

在充电模块输出端加装 680μF/400V 的电容后，充电模块正常工作。

3. 故障原因分析

分析试验检测结果，充电模块在使用过程中因冲击电流而导致充电模块内部保护误动作，充电模块短路电流保护采样不合理，无法躲过容性电流的冲击，造成带负荷时充电模块冲击电流保护无直流输出，在特定条件下，影响直流负荷正常工作。

三、故障处理过程

（1）该站更换新屏。施工前先合上直流联络断路器，退出第 1 组蓄电池及 1 号直流充电屏，2 号直流充电屏带第 2 组蓄电池及全站直流负荷。

（2）在 1 号直流充电屏原屏位处安装新上系统。屏柜固定就位，内、外部配线完成后，第 1 组蓄电池暂未接入新直流系统母线，给新 2 号充电屏送电检测其性能。按照先交流后直流的送电原则，合上两路交流进线断路器，充电装置内 5 台充电模块工作。

（3）充电装置输出开关未合，直流母线上未接入蓄电池组，包括主监控装置、绝缘监控器等屏内元件无工作电源，充电模块处于不受控状态，在自主模式下工作。充电装置输出端接放电负载仪（放电仪工作电源为交流 220V，放电电流设为5A），检验充电模块的性能。合上充电装置输出开关，合上放电仪放电开关，主监控装置显示屏闪烁一下随即黑屏，充电装置内 5 台充电模块保护示警灯均点亮，直流母线电压为零，约 3s 后保护灯熄灭，充电装置恢复正常，输出直流，屏内配置元器件带电工作。

（4）为排除放电仪故障的可能性，拉开充电装置输出开关，退出放电负载仪，此时拟带负载仅为屏柜内自带主监控装置、绝缘监控器及各馈线支路 TA。待充电模块工作稳定后，合上充电装置输出开关，上述现象重现。

四、故障处理与防范措施

1. 故障处理

返厂更改充电模块内部程序，调整充电模块保护定值，并在充电模块输出端加装电容器，使其躲过断路器合闸时的容性冲击电流。

2. 防范措施

（1）合理调整充电模块保护定值，合理设计充电模块内部输出端电容器，躲过断路器合闸时的正常冲击电流。

（2）加强对新投运充电装置的竣工验收中各项特性试验检查，出厂、中间验收过程中提前介入。

案例 4　充电模块故障导致直流母线电压异常

一、故障简述

2014 年 12 月 5 日，某 220kV 变电站直流系统报"蓄电池组过压、控制母线过压、第 1 台充电模块偏高"的信号，实际测量是 2 号充电装置第 1 台充电模块异常造成输出电压过高，导致直流母线电压异常。

二、故障分析原因

1. 系统组成

该站直流电源系统操作电压为 DC 220V，系统采用单母线分段接线运行方式，母联隔离开关在分闸位置，1 号充电装置带 Ⅰ 段直流负荷，2 号充电装置带 Ⅱ 段直流负荷。配置有 2 套充电装置和 2 组蓄电池。

2. 故障描述

（1）外观检查情况。各开关位置正常，2 号直流充电屏发出告警信息，屏前数字表计显示电池组过压、控制母线过压。

（2）试验检测情况。

1）将监控器关机，检测模块输出状态没有发生变化。

2）监控器待机，合闸母线 3 台模块逐一关机后并开机（查看直流母线电压变化），发现 2 号充电装置的第 1 台充电模块关机后，充电装置输出电压降压到 245.2V，第 1 台模块开机充电装置输出电压马上拉高至 261V。

3）合闸母线 3 台模块逐一检测后，发现第 1 台模块出现异常。表现为内部程序不受控，查明原因后，将第 1 台模块隔离，开启监控器，现场正常，投入蓄电池组，检测均充转浮充功能正常。

3. 故障原因分析

造成直流母线电压过高的主要原因是：2 号充电装置的第 1 台充电模块故障造成输出电压过高，导致直流母线电压异常。

三、故障处理过程

2014 年 12 月 5 日，该站后台收到 2 号直流充电屏告警信息：蓄电池组过压、控制母线过压；2 号充电装置的第 1 台充电模块输出电压偏高（260.1V）。

四、故障处理与防范措施

1. 故障处理
（1）立即将故障充电模块退出运行。
（2）调整充电装置的参数，由剩余充电模块继续工作。
（3）将故障模块返厂修理好后再投入运行。并将充电装置参数调整充电模块正常工作方式。
2. 防范措施
（1）加强充电模块运维时的巡视检查，并做好清洁工作防止充电模块风扇积尘导致散热不良。
（2）在发现个别充电模块故障时应紧急退出，严防造成蓄电池组的过充故障。
（3）充电模块的退出和投入均应调整充电装置的参数。
（4）增加充电模块等各类常见故障设备的备品备件，以便出现故障时能够及时处理。

案例 5　110kV 变电站直流充电装置特性指标超标

一、故障简述

2013 年 9 月 18 日，对充电装置进行性能测试，某 110kV 变电站于 2010 年 9 月正式投入运行。2013 年 9 月 18 日，对充电装置进行性能测试，测试结果是充电模块特性指标不合格，稳压精度最大值为-1.21%，超过标准±0.5%的允许范围，稳流精度最大值为 2.10%，超过标准±1.0%的允许范围，需整改。

二、故障分析原因

1. 系统组成
该站直流电源系统操作电压为 DC 220V，直流电源系统采用单母线接线运行方式，配置 1 组蓄电池和 1 组充电装置。蓄电池个数 104 只，容量 200Ah；充电装置配置：20A×4 台充电模块/每组。

2. 故障描述

（1）外观检查情况。对充电屏内的充电装置及元器件进行了检查，充电模块及各个监测模块均正常运行，无异常现象。

（2）试验检测情况。试验采用直流电源综合特性测试仪进行测试，测试装置由智能负荷、输入调压单元和上位管理机三部分组成，测试原理框图如图 3-8 所示。

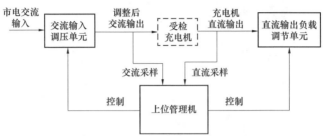

图 3-8 直流电源综合特性测试原理框图

依据上述原理，通过调压装置充电装置交流输入电压在额定电压-10%～+15%范围内变化；通过智能负荷使充电装置的模块输出电流在规定范围内变化（直流电流输出调整范围为额定值的空载 0%～全载 100%）；在电压调整范围内（直流电压调整范围为额定值的 90%～125%）测量电压、电流，通过上位管理机自动控制并计算，得到充电模块的稳压精度、稳流精度等相关特性参数。现场测试接线如图 3-9 所示。

图 3-9 直流电源综合特性测试现场接线图

各台充电模块情况基本相同，下面以第 2 台充电模块为例，模块稳压精度定值设置如图 3–10 所示。

序号	有效	电压	电流
01	有效	0.0V	0.0A
02	有效	198.0V	20.0A
03	有效	0.0V	0.0A
04	有效	0.0V	0.0A
05	有效	0.0V	0.0A
06			
07			
08			
09			
10			
11			
12			
13			

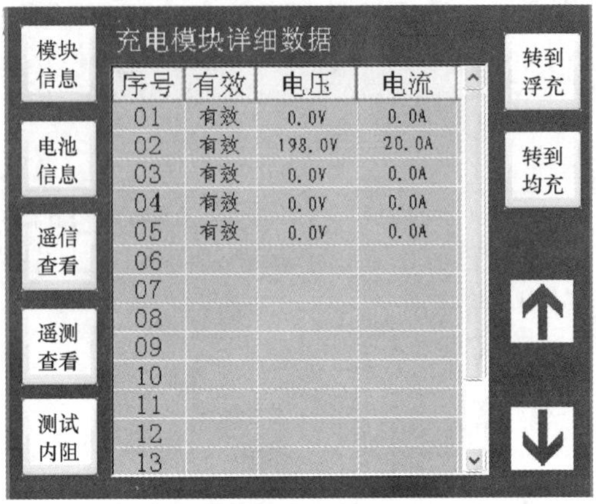

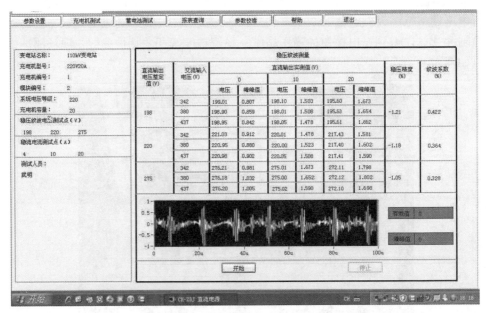

图 3–10　充电装置模块稳压精度定值设置截图

采用直流电源综合特性测试仪对第 2 台充电模块稳压精度、纹波系数测试数据如图 3–11 所示。

稳压纹波测量

直流输出电压整定值(V)	交流输入电压(V)	直流输出实测值(V)						稳压精度(%)	纹波系数(%)
		0		10		20			
		电压	峰峰值	电压	峰峰值	电压	峰峰值		
198	342	199.01	0.807	198.10	1.503	195.60	1.673	-1.21	0.422
	380	198.90	0.859	198.01	1.508	195.63	1.654		
	437	198.95	0.842	198.05	1.478	195.61	1.662		
220	342	221.03	0.912	220.01	1.478	217.43	1.581	-1.18	0.364
	380	220.95	0.880	220.00	1.523	217.40	1.602		
	437	220.98	0.902	220.05	1.508	217.41	1.590		
275	342	276.21	0.981	275.01	1.673	272.11	1.798	-1.05	0.328
	380	276.18	1.032	275.00	1.652	272.12	1.802		
	437	276.20	1.005	275.02	1.590	272.10	1.698		

图 3–11　第 2 台充电模块稳压精度、纹波系数测试报表

第 2 台充电模块稳流精度定值设置如图 3–12 所示。

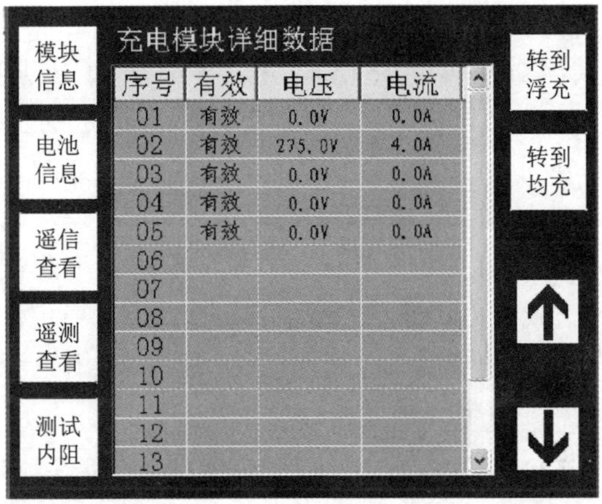

图 3-12 充电装置模块稳流精度定值设置截图

采用直流电源综合特性测试仪对第 2 台充电模块稳流精度测试数据如图 3-13 所示。

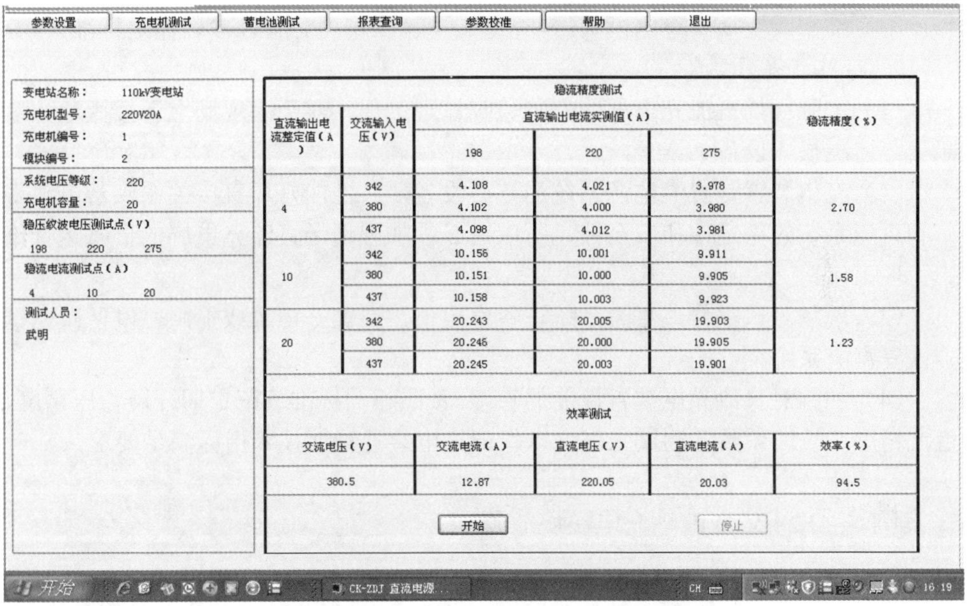

图 3-13 第 2 台充电模块稳流精度测试数据

从图 3-11 和图 3-13 测试结果分析:第 2 台充电模块稳压精度最大值为-1.21%, 大大超过标准±0.5%的允许范围,不合格;稳流精度最大值为 2.70%,远远超过标准±1.0%的允许范围,不合格。

3. 故障原因分析

（1）本次试验共测试了 4 台充电模块，各模块稳压精度最大值分别为：–0.97%、–1.21%、–1.02%和–1.07%，全部超过标准规定的±0.5%允许范围；各模块稳流精度最大值分别为：2.39%、2.70%、2.52%和2.34%，全部超过标准规定的±1.0%允许范围。其中第 2 号模块偏差最大，性能最差，以其为例进行分析。

（2）从图 3–11 和图 3–13 可发现：充电模块稳压精度测试时，输出电压随输出电流增大而降低，空载最高，满载最低，偏差达 2V，稳定性较差，所有稳压精度偏差最大值都是在满载的时候。稳流精度测试时，输出电流随输出电压增大而降低，低压时偏差最大，稳定性也较差。

（3）整个试验过程，交流电源、直流负荷和测试装置均处于正常状态。

经上述内容分析，充电模块稳压精度、稳流精度特性参数超标与测试装置和工况环境无关，是充电模块自身质量问题所造成。

三、故障处理与防范措施

1. 故障处理

返厂维修或更换新充电模块，使充电装置稳压精度等特性参数满足标准要求。

2. 防范措施

（1）加强现场直流充电屏的安装验收管理工作，避免因现场上下楼搬运、装卸车等情况损坏设备。

（2）充电装置是直流电源系统的核心设备，其性能好坏直接关系到蓄电池寿命和直流系统的稳定性和安全性，所以，必须加强现场直流充电屏的日常运行维护管理工作。

（3）现场测试需修改直流系统设备整定值，要做好记录或拍照，以便做完试验恢复直流系统。

（4）加强对直流充电装置性能的管理，按照相关标准规范定期开展稳压精度、稳流精度、纹波系数等测试工作，以保证充电装置特性技术指标满足要求。

案例6 220kV 变电站充电模块故障

一、故障简述

2013 年 1 月 6 日，重庆某 220kV 变电站运维人员检查发现 2 号直流电源柜第 5 台充电模块烧坏，故障直接延伸到该柜的交流断路器及接触器烧坏，2 号直流电源柜停止工作。

二、故障分析原因

1. 系统组成及运行方式

该站直流电源系统配置两套独立的一体化直流电源设备，每套配置1组蓄电池：容量500Ah/每组，每组104只；直流电源柜（高频开关电源柜）1面/每套，配置6台20A充电模块；馈电柜2面，分电柜2面。

2. 故障情况检查

（1）2013年1月6日，运维人员检查发现2号直流电源柜充电模块停止工作，充电装置两路交流输入电源失电，立即将"Ⅱ段直流负荷"转至"Ⅰ段直流母线"，并报紧急缺陷。

（2）直流专业人员到现场检查发现2号直流电源柜的"Ⅰ路交流断路器"处于合闸状态；"Ⅱ路交流断路器"处于断开状态（人工合不上）；"Ⅰ路交流接触器"无法闭合；"Ⅱ路交流接触器"处于闭合状态，无法弹开，如图3-14所示。

（3）现场进一步检查发现2号直流电源柜第5台充电模块已损坏，模块尾端交流进线端子烧坏，模块无法拔出，检查各模块交流输入侧无开关控制。

Ⅱ路交流接触器　　Ⅰ路交流接触器　　　　　Ⅱ路交流开关

图3-14　交流接触器和交流断路器故障

3. 故障原因分析

从故障检查情况分析：2号直流电源柜第5台模块内部故障导致交流短路，第5号模块座子烧融并粘接，而单台模块没有独立的交流开关，无法将故障模块退出运行，导致两路交流频繁切换，使Ⅱ路交流断路器和Ⅱ路交流接触器同时烧毁，触点无法弹开，Ⅰ路交流接触器无法闭合，导致2号直流电源柜因交流失电而停止工作。

三、故障处理与防范措施

（1）将"Ⅱ段直流负荷"转至"Ⅰ段直流母线"。

（2）更换第 5 号充电模块及座子，更换损坏的交流断路器和接触器。

（3）每个充电模块装设独立的交流开关，防止单只模块故障导致充电设备退出运行。

（4）严把直流电源设备质量关，从源头上杜绝此类缺陷发生。

案例 7 110kV 变电站充电模块控制回路故障

一、故障简述

2015 年 10 月 20 日上午 10 点 27 分，某 110kV 变电站直流检修人员在维护设备时发现，直流母线电压 235V；充电装置中第 1、2、4 台充电模块输出电压均为234V（正常电压值），电流为 0.1A；第 3 台充电模块输出电压显示为 238V，确认第 3 台充电模块内部控制回路出现故障，致使充电装置输出电压不正常。

二、故障分析原因

1. 系统组成

该站直流电源系统操作电压为 DC 220V，直流电源系统接线采用单母线接线运行方式，配置 1 组蓄电池和 1 套充电装置。蓄电池个数 104 只，容量 200Ah；充电装置配置：4 台充电模块；在正常浮充电运行方式下：设置充电模块浮充电压：234V，过压告警值：275V，欠压告警值：198V；其单电池电压保持在（环境温度为 25℃以下）2.25V。

2. 故障描述

（1）外观检查情况。检查监控装置参数设置，无异常；将第 3 台充电模块重启，运行指示灯亮，壳体完好无损，散热装置运行正常。

（2）试验检测情况。首先采用万用表测量第 3 台充电模块输出电压，为 238.1V，与显示值基本一致；其后对监控装置的浮充电压参数再次确认设置为 234V，发现第 3 号充电模块输出电压仍为 238V；检查监控装置与充电模块通信线连接完好，无异常，此时怀疑第 3 台充电模块内部故障，于是将浮充状态手动转换至均充状态，其他几台充电模块输出电压均上升至 244V，而第 3 台充电模块仍为 238V。

3. 故障原因分析

事故发生后，直流检修人员测量了第 3 台充电模块输出电压端子电压，与模块显示屏显示电压一致，排除显示错误；后确认浮充电压参数设置无误，监控装置与充电模块通信良好，排除通信故障。

分析其他模块电流几乎为 0A，而第 3 台充电模块输出电流很大，几乎供给所有负荷电流。此时怀疑第3台充电模块内部控制回路故障造成输出电压失控，且高于其他充电模块输出电压，为此，第3台充电模块会承担起所有负荷电流3.6A，发生严重电流不均流的情况。

为确定第3台充电模块输出电压失控，直流检修人员手动将充电方式转换至均充状态，发现1、2、4台充电模块输出电压均上升至均充电压244V，而第3台充电模块输出电压仍为238V，确认此次故障是因第3台充电模块内部控制回路故障，致使充电装置输出电压不正常。

三、故障处理与防范措施

1. 故障处理

（1）退出第3台充电模块，把监控装置中第3台充电模块开关屏蔽。

（2）再次检查监控装置参数设置无误。

（3）及时安装新充电模块。

2. 防范措施

（1）定期对充电装置进行详细检查：交流输入电压、直流输出电压、直流输出电流等各表计显示是否正常，运行噪声有无异常，各保护信号是否正常，绝缘状态是否良好。

（2）加强对直流屏监控装置相关参数、充电模块运行状况的检查。还应密切关注充电模块均流情况，因为均流超标，可能是充电模块输出电压不一致造成，所以还应定期精确调整每只模块的浮充电压值，防止长期运行的充电模块输出电压有所偏差。

（3）结合所使用设备的种类和运行情况，准备必要的备品备件。

案例8　220kV变电站充电模块雷击损毁故障

一、故障简述

2009年7月27日雷雨天气，某220kV变电站直流电源系统Ⅰ、Ⅱ段监控装置均发出"直流模块故障、直流系统故障"。经专业班组现场检查，在故障充电模块输入进线处未装设C级、D级避雷器，从而使得充电模块被雷击而损坏。

二、故障分析原因

1. 系统组成

该站直流电源系统操作电压为DC 220V，直流电源系统接线采用单母分段接线运行方式，配置 2 组蓄电池和 2 套充电装置。蓄电池每组 104 只，容量 300Ah。

2. 故障描述

（1）外观检查情况。专业班组现场检查，第 1 组充电装置第 2、3 台充电模块显示屏无显示和第 2 套充电装置第 1 台充电模块显示屏无显示，而且 3 台充电模块的风扇均停止运行。经查看各充电模块交流输入正常，监控系统显示充电模块故障。第 1 组充电装置浪涌保护有烧损痕迹。第 2 套充电装置浪涌保护无异常。

（2）试验检测情况。退出第 1 组充电装置第 2、3 台充电模块和第 2 套充电装置的第 1 台充电模块，直流电源系统运行正常，故障信号还存在。

3. 故障原因分析

检查退出的 3 台故障充电模块，发现充电模块滤网及风扇积满灰尘。

（1）风冷型充电模块长期运行后积攒灰尘过多，影响散热。风冷型充电模块通过风扇的转动散出充电模块内部由于元件工作所产生的大量热量。充电模块因长期运行，进风口积聚大量灰尘造成散热不良时会使温度过高，过温保护动作，即使温度没有超过设定值，长期的高温也会影响充电模块的正常使用寿命。

（2）高频开关电源模块没有隔离变，该厂家只配置了浪涌保护单元，事后分析当时该地区正发生雷雨天气，而该站又未在充电模块输入进线处装设 C、D 级避雷器，从而使得充电模块被雷击而损坏。

三、故障处理与防范措施

1. 故障处理

更换损坏的 3 台充电模块之后，直流电源系统恢复正常，同时将充电装置浪涌保护单元进行了更换。并在交流电源单元配置了 B 级、直流电源进线电源配置了 C 级和 D 级防过电压单元。

通过检查整改，消除充电模块发生故障及异常的原因，降低变电站内充电模块故障次数，提高了直流电源系统运行的可靠性，确保了电网安全运行。

2. 防范措施

（1）高频开关电源电源模块通风部分应定期清扫。

（2）高频开关电源屏柜应保持通风，保证合理的温度值。

（3）配置充电装置交流电源过电压防护单元，而且要定期检查维护。

案例 9　充电装置交流输入单元短路造成充电装置失压

一、故障简述

2015 年 3 月 1 日，深圳某 220kV 变电站发生一起充电装置交流配电输入单元内部短路事故，造成 380V 交流配电柜内两路"直流屏交流电源"开关跳闸。变电站监控系统后台发出 1 号直流屏告警信息："交流失压"、"1、2、3 台充电模块故障"。1 号充电装置失压无输出，Ⅰ 段直流母线负载转为第 1 组蓄电池供电。

二、故障原因分析

1. 系统组成及运行方式

该 220kV 变电站直流电源系统采用双母线分段接线运行方式。配置 2 组蓄电池，每组 108 只，容量 200Ah。配置 2 套充电装置，每套充电装置配置 3 台 20A 充电模块。每套充电装置配 1 台交流配电输入单元，控制交流接触器进行双电源切换。

该站直流电源系统采用双母线分段接线运行方式，1 号充电装置和第 1 组蓄电池接于直流电源系统 Ⅰ 段母线，2 号充电装置和第 2 组蓄电池接于直流电源系统 Ⅱ 段母线。1 号充电装置的 2 路交流进线电压分别为 AC 380V，连接交流配电柜内 2 路"直流屏交流电源"断路器。交流配电输入单元上 QK 把手打在"互投"位置，交流接触器 1KM 触点吸合，充电装置由第 1 路交流进线供电，第 2 路交流进线作为备用。充电装置交流输入回路如图 3-15 所示。

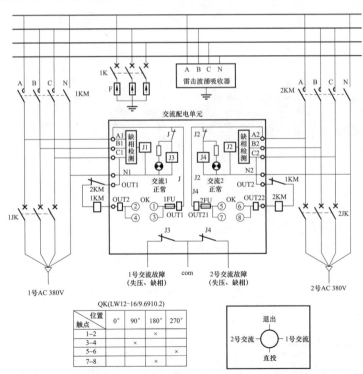

图 3-15　充电装置交流输入回路图

2. 故障描述

交流配电输入单元上 QK 把手打在"互投"位置，充电模块输入指示灯不亮，第 1 组蓄电池放电，1 号直流屏的交流配电输入单元指示灯不亮，端子接线处有明显烧黑痕迹，并伴有焦煳异味，如图 3-16 所示。第 1 组蓄电池电压 223.1V，第 1 组蓄电池电流-12.23A，控制母线电压 223.0V，3 台充电模块已停机，第 1 组蓄电池正在放电。变电站内直流电源系统Ⅱ段母线工作正常。

进一步对交流配电输入单元解体发现，交流配电输入单元内部 2 路交流输入端子烧黑并有烧焦味，后盖板被烧毁元器件熏黑，交流配电输入单元箱体内发生过严重的短路故障，如图 3-17 所示。

图 3-16　1 号交流配电输入单元外观图　　图 3-17　交流配电输入单元解体图

3. 故障原因分析

综上判断为 1 号充电装置的交流配电输入单元故障。交流配电输入单元内部短路造成 1 号 380V 交流配电柜"直流屏交流电源 1"断路器跳闸，由于交流配电输入单元上 QK 把手打在"互投"位置，配电输入单元内部短路故障仍存在，导致 2 号 380V 交流配电柜"直流屏交流电源 2"断路器跳闸，即两路交流进线均失电。为此，1 号充电装置失去交流电源，直流电源系统Ⅰ段母线的直流负载均由第 1 组蓄电池供电。

三、故障处理过程

（1）合上母联断路器，退出 1 号充电装置、第 1 组蓄电池，全部负载由 2 号充电装置及第 2 组蓄电池供电。

（2）处理 1 号充电装置的交流配电输入单元故障，更换烧毁的元器件插板。

（3）检查交流输入、交流接触器、充电模块是否正常。

（4）投入交流电源至 1 号充电装置屏，投入 1 号交流配电输入单元。

（5）逐一开启 1 号充电装置的第 3 台充电模块，并确认各数据显示符合现状。

（6）测量确认第 1 组蓄电池的各项数据，正常后投入 1 号充电装置和第 1 组蓄电池。

（7）断开母联断路器，恢复正常分段运行方式。

四、故障处理与防范措施

（1）在充电装置屏交流进线处加装断路器，这样如果交流配电输入单元发生短路，此断路器就会跳开，避免烧毁交流配电输入单元。

（2）加强检查充电装置屏内交流部分的内容（各端子压接是否紧固、接线端子绝缘是否合格、导线截面积是否合适）。

（3）建议减少充电装置屏内的交流切换操作，增加相应的备品备件。

（4）建议直流电源系统生产厂家在配置充电装置主电流回路的接线端子时，选择相邻端子间隔尺寸较大的端子，以避免在大电流导通时因温升造成的绝缘下降形成短路故障。

案例 10　充电装置失压导致蓄电池组失效

一、故障简述

2010 年 4 月 30 日 16 点 40 分，某 110kV 变电站发生一起充电装置交流输入电源失压报警事故，由于监控人员未及时注意并足够重视该信号，充电装置交流输入电源失压后，该站内直流负荷长时间由蓄电池组供电，蓄电池经历 3 天左右的时间一直对直流负荷深度放电，且未及时对蓄电池组进行补充电，导致蓄电池组失效。

二、故障分析原因

1. 系统组成及运行方式

该站直流电源系统采用直流双母线接线运行方式。配置 1 组蓄电池，个数为 108 只，容量为 300Ah。配置 1 套充电装置，充电装置配 1 台交流配电输入单元 APU 控制交流接触器进行双电源切换。

直流电源系统正常运行状态下，控制母线电压为 221V，合闸母线电压为 242V，蓄电池组不仅作为直流电源系统备用电源，同时也作为 10kV 开关的合闸电源分为 10kV Ⅰ 段合闸电源和 10kV Ⅱ 段合闸电源（并列点在 10kV 母分开关柜），控制母线供控制直流 Ⅰ 段、控制直流 Ⅱ 段、事故照明。

2. 故障描述

（1）外观检查情况。无异常现象。

（2）试验检测情况。故障半年之后，检修人员根据检修周期对该站蓄电池组进行年检，发现如下情况：

1）放电 5min，观测到智能蓄电池监测系统电池低压报警：51 号电池电压：1.859V，低于 50%容量核对性试验的电池电压最低保护（1.90V）；79 号电池电压：1.931V，该电池电压也偏低。

2）放电 8min 时放电回路断路器跳闸，第一次放电结束。为保留电池的剩余容量，对蓄电池组以浮充电方式进行补充充电。

3）次日，对 51、79 号电池进行了更换，并进行均衡充电。

均充电约 10min 时，发现了数十只电池电压异常（单只电池均充电压正常应在 2.35±0.03V），但 6 只电池电压在 2.50V 以上，103 号电池电压最高：2.539V；30 只电池电压为 2.40～2.50V，47 只电池电压在 2.30V 以下。

充电后进行第二次放电，放电 12min，80 号电池电压降至 1.887V，放电回路断路器跳闸，放电结束。

4）再次对蓄电池组进行均衡充电，约充电 10min 时，测量蓄电池组电压，发现数十只电池电压异常，10 只电池电压在 2.50V 以上，56 号电池电压最高：2.577V；24 只电池电压为 2.40～2.50V，51 只电池电压在 2.30V 以下。

5）动态放电内阻测试：放电电流＞100A。

内阻测试情况为 80 号电池内阻：23mΩ为最大；81 号电池内阻：22.91mΩ；18 只的电池内阻明显高于其他电池（注：蓄电池内阻正常应不大于 0.5mΩ）。

结论：从上述检测结果分析，因整组蓄电池的内阻普遍增大，电压偏差值大于±0.1V。蓄电池组失效。

3. 故障原因分析

该故障也可归成为一个综合性的责任事故。2010 年 4 月 30 日，发生交流失压故障，3 天后充电装置恢复正常。运行半年后检修人员按照检修周期对该蓄电池组进行年检，对蓄电池试验检测报告进行综合分析：

（1）事故后对充电装置检查后发现，该站因 1 号站用电屏的充电装置Ⅰ路交流断路器跳闸，充电装置上 APU 交流切换失败，导致 2 号站用电屏的充电机Ⅱ路交流无法向充电机正常供电，是导致蓄电池向直流母线的直接原因。

（2）监控人员未严密监视故障告警信号，并对告警信号没有足够的重视是导致蓄电池组长时间供电的重要原因。

（3）通过现场事故调查及半年后对蓄电池容量试验，结合试验检测数据综合分析：

1）蓄电池经历 3 天左右的时间均对直流负荷深度放电，反映出蓄电池容量不足或亏电状态长时间浮充运行是造成电池损坏的一大原因，导致蓄电池组直接失效。

2）2010 年 4 月 30 日，发生故障后未能及时对蓄电池组进行容量恢复是导致蓄电池组失效的间接原因。

三、故障处理过程

2010 年 4 月 30 日 16 时 40 分，该 110kV 变电站直流电源系统发出充电装置交流失压报警，监控人员未及时注意并足够重视该信号，充电装置交流失压后，变电站内直流负载长时间由蓄电池组供电。

3 日后，8 时 38 分，运行巡视人员到达变电站现场，发现变电站内控制屏上光字牌动作，直流控制母线电压已降至 95.3V。经过检修人员检查后发现，1 号站用电屏的充电装置 I 路交流空气断路器跳闸，充电装置屏内的双路交流进线切换装置切换失败，充电装置交流失压，待检修人员检查确认后重新合上充电装置 I 路交流空气断路器，恢复对充电装置供电，变电站内的直流母线电压也随之恢复正常。

经 2010 年 4 月 30 日事故恢复运行半年之后，检修人员根据检修周期又对该蓄电池组进行年检，对蓄电池组进行不同阶段的充电放电以及动态放电内阻测试等检测项目，最终结论：整组蓄电池的内阻普遍增大，电压偏差值大于 ±0.1V。蓄电池组失效。

数日后，对该站的蓄电池组进行了整组更换。该蓄电池组运行刚满 4 年就已报废。

四、故障处理与防范措施

1. 故障处理

（1）立即对事故变整组蓄电池进行更换。

（2）对其他变电站同型号蓄电池进行抽样解体检查，如有发现极板严重腐蚀的情况，立即整组更换。

（3）进一步加强蓄电池的巡视和检查。定期开展蓄电池动态充放电试验，并记录充放电后蓄电池电压和电阻情况。

2. 防范措施

目前, 110kV 变电站直流电源系统典型设计普遍采用单电单充结构, 蓄电池开路将导致变电站备用直流电源消失, 若此时变电站站用交流电源发生故障, 使充电模块输出电压达不到要求, 全站继电保护将失去作用, 扩大事故影响范围。为解决这一问题, 可以通过以下两方面改进措施来避免此类事故的发生:

(1) 加强变电站蓄电池运行管理, 及时发现问题蓄电池组, 消除安全隐患。

(2) 在条件允许情况下改变变电站直流电源系统运行方式, 采用双电双充结构, 避免站用交流电源故障造成整站直流母线失压。

以浮充电方式运行的蓄电池由于长时间不放电, 负极板上的活性物质容易产生硫化铅 (PbSO₄) 结晶, 不易还原。阀控式密封铅酸蓄电池为保证放电容量和延长使用寿命, 必须进行定期充放电和日常的维护工作:

(1) 进一步加强蓄电池巡视和检查, 每月应测量一次蓄电池单体及整组电压, 定期开展蓄电池动态充放电试验, 并记录蓄电池电压和电阻参数。蓄电池内阻值偏大或单体电池间的电压偏差值较大时应引起重视, 对超标的蓄电池应予以更换。

(2) 对运行时间超过 3 年的电池, 应每年进行全核对性放电试验。经过 3 次试验后, 蓄电池容量仍然达不到额定容量的 80% 以上, 可认为蓄电池使用寿命已到, 应给予更换。当 1 组蓄电池中有个别电池容量不足, 可个别更换, 但更换前必须活化新电池; 当 1 组电池中有较多电池 (如占蓄电池组总数量的 10% 以上) 低于 80% 额定容量, 应整组进行更换。

(3) 完善现有蓄电池在线监测系统功能, 当某只蓄电池内阻过大而引起其他蓄电池过充时能适时发出过充告警; 只要蓄电池开路达到一定延时, 应发出电池开路报警。

(4) 加强蓄电池缺陷管理, 蓄电池电压异常的缺陷必须在规定时间内消缺, 防止消缺周期过长造成事故安全隐患, 消缺结束后严格执行验收及缺陷闭环流程。

案例 11　直流充电装置长时间均衡充电导致蓄电池接地

一、故障简述

2013 年 9 月 20 日, 浙江某 110kV 变电站直流充电屏直流微机监控装置显示直流电源系统处于均衡充电状态、直流绝缘监测装置发出直流接地故障报警信号。经检修人员会同运维人员现场检查发现部分蓄电池外壳膨胀变形, 确认蓄电池是因过充电引起蓄电池外壳开裂接地。

二、故障分析原因

1. 系统组成及运行方式

该站直流电源系统采用双母线接线运行方式。直流电源系统由 1 面充电装置屏、1 面直流馈电屏、1 组蓄电池组成。蓄电池 110 只，容量为 300Ah；1 套充电装置：配置 4 台 20A 充电模块，充电装置配 1 台交流配电输入单元，控制交流接触器进行双电源切换。

直流电源系统正常浮充电运行状态时，充电装置输出电压为 247.5V，控制母线电压为 225.9V，蓄电池组作为变电站直流电源系统备用电源。

2. 故障描述

（1）外观检测情况。

1）经现场检查，直流充电屏直流微机监控装置显示的的直流电压/电流与充电模块显示的直流电压/电流相差较大。

2）再次检查发现，直流充电屏直流微机监控装置显示直流电源系统处于浮充电状态，而充电模块却显示直流电源系统处于均衡充电状态，经确认充电装置输出电压确实为均衡充电电压，此时，直流绝缘监测装置发出直流接地故障报警信号，运维人员向调度汇报并经同意后对直流馈电屏上所有馈线支路开关逐一拉合后，经全部支路拉合后，仍无法查出接地故障点，立即通知检修人员现场处理。

（2）试验检查情况。

1）检修人员综合以上故障报警信号，判断接地点可能在蓄电池处，检修人员会同运维人员打开蓄电池室门时，室内有明显热气向外扩散，检修人员立即将充电模块改为浮充电状态，减小对蓄电池的充电电流，降低对蓄电池的充电电压；

2）检修人员开启蓄电池室通风装置，待室内空气正常后，逐一仔细检查每只蓄电池，发现部分蓄电池外壳膨胀变形，详见图 3-18。经当值调度值班员同意试拉合蓄电池总开关后，直流电源系统接地故障点消失，确认本次直流电源系统接地故障为蓄电池过充电引起蓄电池外壳开裂接地。

3. 故障原因分析

直流电源系统微机监控装置均衡充电结束后自动转为浮充电状态，但此时直流电源系统微机监控装置对充电模块

图 3-18　蓄电池的外壳膨胀变形

失去控制，导致充电模块始终处于均衡充电状态，即充电模块始终输出均充电压，致使蓄电池长时间过充电造成热失控，引起蓄电池外壳膨胀变形开裂，内部电解液外溢造成直流电源系统接地故障。

三、故障处理过程

2013 年 9 月 20 日，该站直流充电屏直流微机监控装置显示直流电源系统处于浮充电状态；直流绝缘监测装置向该站后台发送直流接地故障报警信号；运维人员现场检查发现直流绝缘监测装置上显示绝缘故障灯亮，此时，直流微机监控装置显示故障告警，确认直流绝缘正、负母线对地电压、电阻不平衡，但是绝缘监测装置上未显示具体接地支路，运维人员向调度汇报并经同意后逐一拉合直流馈电屏上所有馈线支路开关，经全部馈线支路开关拉合后，仍无法查找出直流接地故障点，随即通知检修人员到现场处理。

经检修人员现场检查，确认直流电源系统接地故障为蓄电池过充电引起蓄电池外壳开裂接地。

四、故障处理与防范措施

1. 故障处理

（1）将充电模块长时间均充电改为浮充电，并要求直流电源系统微机监控装置对充电模块进行多次均、浮充电状态切换试验，确保微机监控装置对充电模块的可靠控制。

（2）立即更换整组蓄电池，确保直流电源系统恢复正常运行。

2. 防范措施

（1）均衡充电应严格控制电流、单体蓄电池充电电压、充电时间和温度等不超过允许值要求。

（2）微机监控装置自动转换程序（恒流限压—恒压限流—浮充），当充电电流减小到某一整定值时，微机控制装置将控制充电装置自动转为浮充电运行。

（3）对所辖变电站直流电源系统微机监控装置和充电模块均、浮充电转换进行检查、切换，看是否有类似情况，发现问题及时处理。

（4）新安装的直流电源系统微机监控装置和充电模块在验收时增加均、浮充电多次切换试验，以防止在运行中微机监控器已转换至浮充电状态，而充电模块始终处于均衡充电状态。

（5）在日常维护巡视中增加均、浮充电自动转换功能试验。

（6）蓄电池室逐步装设空调，保持蓄电池室环境温度在规定范围内。

第四章 直流电源系统监控装置故障

案例1 220kV变电站直流电源监控装置插件故障引起直流电压异常

一、故障简述

2015年5月11日，某220kV变电站监控装置报出"一体化电源I段直流电源系统故障"，直流I段母线电压异常，经现场人员检查后，确定为直流电源监控装置内部绝缘监测插件故障所致。

二、故障原因分析

1. 系统组成

该站站内交直流电源系统采用一体化电源设备，配置2套充电装置，2组蓄电池，两组蓄电池分段运行。

2. 故障描述

（1）外观检查情况。装置外观检查无异常。

（2）试验检测情况。现场使用直流接地探测仪对直流I段馈线屏所接馈线支路进行测量未发现接地故障；断开蓄电池与母线连接的直流断路器，直流I段母线电压无变化；将直流联络断路器合上，由直流II段充电装置带I、II段直流负荷，直流II段母线电压正常，此时，直流I段充电装置电压有异常。在关掉直流电源监控装置电源后直流I段母线电压恢复正常。

3. 故障原因分析

经现场试验检测结果分析，确认为直流电源监控装置内部绝缘监测插件故障。

三、故障处理过程

2015年5月11日，监控报出"一体化电源I段直流系统故障"，保护人员现场检查直流I段电压正对地为172V，负对地为58V，绝缘检测系统未报出故障支路，且显示所有支路绝缘电阻均大于999.9kΩ；直流II段电压正常，正极115V，负极115V。

四、故障处理与防范措施

1. 故障处理

更换直流 I 段母线电源监控装置绝缘监测插件，一体化电源 I 段直流电源系统电压恢复正常，告警消失。

2. 防范措施

（1）加强直流微机监控等设备的例行巡检，把监控器检查项目作为日常工作。

（2）按期进行直流电源设备定检，及早发现故障隐患。

（3）加强直流设备的入网检测工作。

案例 2　220kV 变电站直流电源监控装置死机造成充电模块工作异常

一、故障简述

2013 年 7 月 9 日 19 时 50 分，某 220kV 变电站因雷雨天气直流电源系统遭雷击发生直流馈线接地，使得直流微机监控器出现故障，引起充电模块工作异常。

二、故障原因分析

1. 系统组成

该站直流电源系统操作电压为 DC 220V，直流电源系统接线采用单母线分段接线运行方式。配置 2 组蓄电池，每组 108 只，容量 300Ah。配置 2 套充电装置，充电装置配置：5 台充电模块；1 台交流配电输入单元控制交流接触器进行双电源切换。两段直流母线合用 1 台微机监控器。

2. 故障描述

因雷雨天气直流电源系统遭雷击发生馈线接地，使得直流微机监控器出现故障。该站直流电源系统的直流微机监控器出现不断死机并重启，同时造成所控制的两组充电模块在开机、均充、浮充、关机模式中反复无序切换，模块输出电压在 0～244V 变化不停，造成充电模块工作异常。两组蓄电池电流表指示值在−30～+10A 短时剧烈变化，两段直流母线电压也随之变化不断。

3. 故障原因分析

从现场外观检查分析，由于直流监控器内部元件运行年久老化，因雷雨天气直流电源系统发生接地的瞬间电压扰动下，引起直流监控器内部运行程序混乱，不断死机并重启现象；同时充电模块出现充电控制功能失灵情况，使得充电模块不能正常工作。

三、故障处理过程

检修人员断开微机监控器电源开关,将充电模块临时设置为手动控制和浮充电方式,调整浮充电压至正常,退出直流微机监控器。

四、故障处理与防范措施

1. 故障处理

更换同型号直流微机监控器,调试正常后投入运行。

2. 防范措施

(1) 进一步加强监控直流柜例行巡检,把监控器检查项目作为日常工作。

(2) 对其他变电站监控器逐一排查、试验,如发现问题及时处理。

案例3　110kV变电站降压硅链自控失灵引起直流母线异常

一、故障简述

某110kV进线一线路发生吊车对线路距离不足放电故障,1号主变压器零序过压动作跳开主变压器各侧及进线一、桥断路器,闭锁备自投致使全站失电。致使全站停电达2h。

二、故障原因分析

1. 系统组成及运行方式

该站高压侧采用内桥接线,2台主变压器中性点均经间隙接地,1号站用变压器接在1号主变压器10kV母线,2号站用变压器接在2号主变压器35kV母线,该站两台主变压器均处于运行状态,进线一运行,进线二热备用,桥断路器闭合,110kV侧有备用电源自投装置,2号主变压器35kV侧接有小电源并网线。内桥接线如图4-1所示。

该站直流操作电源为DC 220V,采用双母线供电方式。配置1组蓄电池,个数104只;配置1组充电装置,充电装置交流电源取自两台站用变压器低压侧。降压硅堆最大压降可达40V,硅堆选用额定电流为20A。

正常运行时直流合闸母线电压为234V,直流控制母线电压为220V,直流电源系统接线详见图4-2。

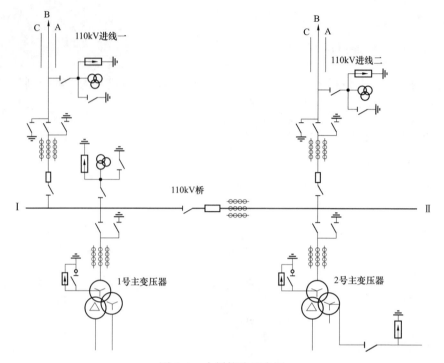

图 4-1　内桥接线示意图

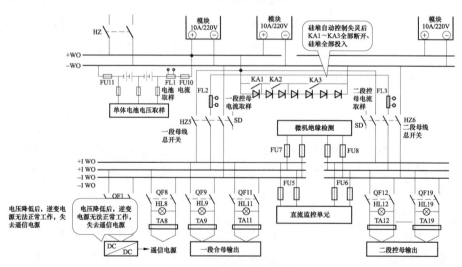

图 4-2　直流电源系统图

2. 故障描述

（1）外观检查情况。降压硅堆在自动状态下，始终全部投入，降压硅堆自动控制失灵；外观检查无异常。

（2）试验检测情况。退出充电控制模块，证实降压硅堆自动控制失灵；蓄电池组输出至直流母线电压为 168V，在此电压下，遥信工作电源因性能老化无输出，调度端收不到正确的设备运行信息。

3. 故障原因分析

从现场试验检测报告分析，该站 110kV 进线一发生接地故障后，110kV 主变压器零序过压Ⅱ段动作跳开主变压器各侧断路器和桥断路器，变压器后备保护闭锁备用电源自投致使全站失压，充电装置停止工作；该站二次设备均由蓄电池为直流负荷供电，因降压硅堆自动控制失灵，致使直流控制母线的电压降低为 168V，使直流母线异常，导致遥信工作电源无输出，调度端收不到正确的设备运行信息，无法进行遥控恢复变电站供电。

三、故障处理过程

将降压硅堆切换至手动控制状态，将性能老化的遥信电源进行更换。后期随该站综合改造更换为交直流一体化电源。

四、故障处理与防范措施

（1）对于达到寿命周期的设备应立即进行更换或更新改造。

（2）确保设备正常运行。严格按照规范选择硅堆的额定电流。

案例 4　直流监控装置长期"均充"造成直流母线电压长期偏高

一、故障简述

2016 年 1 月，某 110kV 变电站运维人员在例行日常巡视时，发现直流充电屏直流监测控制装置显示"均充"状态之后，运维人员经过一段时间的观察直流充电屏直流监测控制装置显示仍处在"均充"状态，并确认直流充电屏直流监测控制装置是长期处于"均充"状态且不能自动转入浮充状态，在此情况下，长期对蓄电池组进行均充将导致蓄电池组损坏，可引起直流母线电压偏高。

二、故障原因分析

1. 系统组成

该变电站直流电源系统包含直流充电装置、1 号直流馈电屏、2 号直流馈电屏以及 1 组蓄电池组，全站设备直流回路采用辐射式供电。其中直流充电装置屏包含直流监控装置及四组直流充电模块，直流馈电屏包含直流绝缘监测装置，蓄电池屏包含 GFM–200 蓄电池组。直流电源系统如图 4–3 所示。

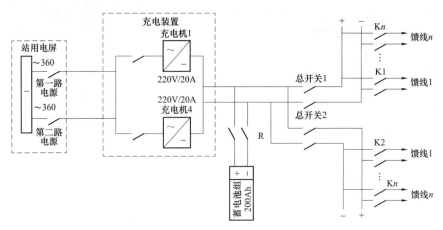

图 4–3　直流电源系统图

2. 故障描述

经运维人员巡视过程中发现：

（1）直流充电屏直 T 流监控装置长期处于均充状态且不会自动转浮充，直流监控装置面板显示交流电压为 500V，直流输出电压为 241.6V，达到蓄电池均充电压值。

（2）运维人员通过直流监控装置操作面板对直流输出电压等相关参数进行重新设置，但发现直流监控装置操作面板参数设置功能已经失效。

（3）运维人员现场对交流输入实际线电压进行试验检测其值为 383V，直流输出电压为 241V。

直流监控装置面板详见图 4–4。

图 4–4　故障直流充电装置面板显示图

3. 故障原因分析

经试验检测报告分析，该站直流设备运行年限已 9 年之久，其直流监控装置内部的采样元件工作不正常，交流输入显示值异常；同时因直流监控装置内部自动控制模式逻辑故障，使直流监控装置失去对直流充电模块的控制功能，不能由"均充"状态自动转换"浮充"状态，至此出现直流监控装置长期对蓄电池组进行均充，导致蓄电池组损坏，是引起直流母线电压偏高的直接原因。

三、故障处理过程

（1）现场运维人员对设备进行检测，判断出直流监控装置内部软件存在逻辑故障，该装置面板按键失灵，不能对其参数进行设置和管理。

（2）采样精度进行检测，发现交流采样显示值不准，直流输出值正确，遥信告警输出正常。

（3）直流监控装置运行状态进行手动切换不成功，然后断电重启，发现直流监控装置输出状态随机变为"浮充"或"均充报时"，直流监控装置恢复正常。

四、故障处理与防范措施

1. 故障处理

（1）确定蓄电池性能良好，做好应急预案，向调度申请后，拉开直流蓄电池组总保护电器，将直流蓄电池总进线过渡至过渡负荷端子排。

（2）将过渡负载端子的出线一路连接到 1 号直流馈电屏馈线 32 端子排处，由其反送到 1 号直流馈电屏直流母排；将过渡负载端子的出线二路连到 2 号直流馈电屏馈线 32 端子排处，由其反送到 2 号直流馈电屏直流母排。

（3）1、2 号两路直流馈线屏直流电源过渡完成后，断开充电装置交流进线，拆除故障直流充电装置，更换新直流充电装置。

（4）恢复充电装置交流进线，确认新直流充电装置运行正常，直流输出电压正常，依次将蓄电池组反送至 1、2 号直流馈电屏的两路出线拆除。

（5）将直流蓄电池组总电缆恢复至新直流充电屏，并合上直流保险。

直流电源系统更换过渡方案如图 4-5 所示。

2. 防范措施

由于目前 110kV 变电站直流电源系统典型设计普遍采用单电单充供电模式，如果直流充电装置故障将造成直流充电模块运行紊乱，电压输出异常，将极大地影响直流电源系统蓄电池组的正常运行，对站内直流供电造成一定危害。为防止类似事件的出现，应加强以下几个方面的提升：

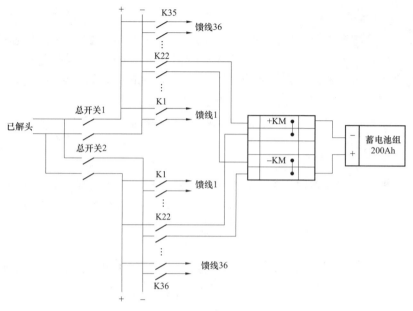

图 4–5　直流电源系统更换过渡方案图

（1）提升直流装置管理水平。

1）对运行年限较长的直流电源系统设备运行情况进行梳理，全面排查清理直流隐患和缺陷。

2）结合直流设备状态检修工作，重点对直流装置的定值整定、精度采样、控制程序试验及遥测、遥信等功能进行细致检查，对不符合误差要求的直流装置应引起重视，加强监视。

（2）提升直流电源系统应急抢修的能力。制订直流充电装置故障事件的应急预案，同时探索便携式直流充电装置的应用，在变电站直流监测装置或充电模块发生故障时，配合蓄电池组保障对直流电源系统的正常供电。

案例 5　220kV 变电站直流蓄电池巡检装置电源异常故障

一、故障简述

某 220kV 变电站运维人员在例行日常巡视时，发现安装于蓄电池屏上的直流蓄电池巡检装置显示电压采集数据异常，装置发出声光报警。装置报出"电池单体电压过高或过低""电池电压采集模块故障"信息、装置主机显示屏显示混乱，不能正常工作。

二、故障原因分析

1. 系统组成

蓄电池组配置直流蓄电池巡检装置，在蓄电池采集前端串接有熔丝。

2. 故障描述

（1）外观检查情况。外观检查情况无异常。

（2）试验检测情况。直流蓄电池巡检装置电压采集数据异常，主要应针对蓄电池电压采集模块进行重点检查，用万用表直流电压档分别测量单节电池电压正负极桩头和该节电池对应电池电压采集模块输入端电压，若电池正负极桩头测得电压正常，采集模块输入端电压为0V，进一步检查发现，该电池与采集模块前端串接的熔丝熔断。

3. 故障原因分析

直流蓄电池巡检装置电压采集数据异常原因主要有三点：

（1）个别电池与采集模块前端串接的熔丝熔断或焊线接触不良。

（2）电池电压显示为0V电压，由于电池电压采集模块内部故障和电池电压采集模块的工作电源一级级衰减达不到正常工作电压使得个别电池电压实际测量值与显示值相差很大，超越门限报警值而报警（过低或过高）。

（3）采集模块工作电压严重不足（主机端工作电压就达不到正常工作电压），使得主机显示屏显示混乱，装置不能正常工作。

三、故障处理过程

变电站蓄电池巡检装置主机显示屏上的采集数据异常，蓄电池最高电压 100号 2.264V，最低电压 94 号 0V，并且发出声光报警。装置主机显示屏上报出"电池单体电压过高或过低""电池电压采集模块故障"、系统发生故障等信息。蓄电池巡检装置主机显示屏显示数据混乱，工作状态异常，如图 4-6 所示。

四、故障处理与预防措施

1. 故障处理

（1）用万用表直流电压档分别测量单只电池电压正、负极桩头和该只电池对应电池电压采集模块输入端电压，若电池正、负极桩头测得电压正常，采集模块输入端电压为0V，则检查该电池与采集模块前端串接的熔丝是否熔断、焊接线接触是否良好、采样线端子是否接触良好，若有此情况更换熔丝或将连接线焊接好。蓄电池接线详见图 4-7 所示。

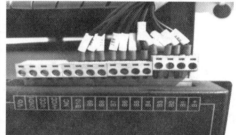

图 4-6　蓄电池巡检装置报警

图 4-7　蓄电池接线

（2）用万用表直流电压档分别测量单只电池电压正、负极桩头和该只电池对应电池电压采集模块输入端电压，若电池正、负极桩头测得电压和采集模块输入端电压均正常，采集模块工作电源正常，主机显示屏上显示电压与实测电压相差很大，装置报警，可判断电池电压采集模块故障（内部个别通道故障）。更换该故障模块即可。

（3）用万用表直流电压档分别测量单只电池电压正、负极桩头和该只电池对应电池电压采集模块输入端电压，若电池正、负极桩头测得电压和采集模块输入端电压均正常，采集模块工作电源异常（10V 以下），主机显示屏发出"××号电池电压采集模块故障"信号，则说明采集模块驱动不足。将较细的电池电压采样线更换成 1.5mm² 以上较粗的导线，对连接距离较长的采样线接成环路（即最后一块模块的电源输出端和第一块模块的电源输入端连接）。此两种方法旨在抬升模块的工作电源。

（4）用万用表直流电压档测量主机端工作电压，若电压低于 10V，此时显示屏显示混乱，装置不能正常工作，则更换采集装置主机。

2. 预防措施

直流蓄电池巡检装置可以对单只蓄电池电压进行监测，是变电站电源系统的重要组成部分，发生故障后，蓄电池组的缺陷和隐患无法及时发现和处理，作为检修部门，应把蓄电池组巡检设备作为主要的备品备件开展储备，特别是蓄电池采样模块和巡检装置电源模块等。

杭州高特电子设备有限公司

河北普及达电气设备科技有限公司

案例1 直流一点接地导致继电保护误动原因分析

该案例反映了直流电源系统在一点接地情况下也有继电保护误动可能性。打破了一般认为直流电源系统工作在不接地状态，一点接地时没有构成回路，对继电保护不会产生影响的传统概念。实际运行中的直流电源系统由于各种因素形成了直流对地电容，该电容在一般情况下很容易忽略，分析直流电源系统对地电容通过何种方式影响继电保护等设备的安全运行，对今后提高继电保护等设备安全运行具有重要意义。

一、故障简述

1997 年 8 月 25 日，继保工作人员例行站内巡视检查工作，在对某 35kV 出线保护的出口中间继电器线圈进行对地电压测量操作时，误用 MF35 型万用表欧姆×1 挡去测量出口中间继电器线圈的对地电压，引起继电保护误动和断路器跳闸。

二、故障原因分析

检查 220V 直流电源系统，未发现直流接地告警信号，测量直流母线正对地电压为+115V，负对地电压为−116V，直流系统绝缘正常，排除当时直流系统有直流接地情况存在。继电保护误动应该是在测量出口继电器对地电压操作中，万用表放错档位，用欧姆挡测量电压所至。

万用表中欧姆×1 挡测量电阻的等效电路如图 5−1 所示，其中内部电阻为 10Ω（万用表称为中值电阻）。

可见欧姆测量（欧姆×1 挡）内部的电阻是非常小的，仅为 10Ω，将欧姆挡误作电压表使用时，相当于出口继电器对地直接短路接地。由于该站直流电源系统绝缘检测装置正常情况下对地接入较大的电解电容（查找支路接

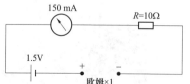

图 5−1 万用表测量电阻的等效电路图

地使用）导致直流电源系统对地存在大电容。当一点接地时构成直流电源系统对地电容通过出口继电器形成充放电回路，使出口继电器误动，误动电路如图 5-2 所示。

图中 R_1、R_2 为绝缘监测仪内部采样电阻，此微机绝缘监测装置内部采样电阻值为 220kΩ，且 R_1 等于 R_2。R_+ 和 R_- 为直流电源系统对地绝缘电阻，由各个直流回路对地绝缘电阻并联而成，老变电站直流母线对地绝缘电阻 R_+ 和 R_- 一般也在 100kΩ 左右，与直流电源系统中所有设备的清洁程度、电气绝缘、湿度有关，本案例中该电阻均在 1000kΩ 以上。

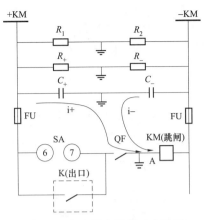

图 5-2 出口继电器误动电路图

图中 C_+ 和 C_- 为直流系统总的对地等效电容，对地电容的形成来自两个方面：

（1）长电缆对地构成的分布电容，但分布电容数值相对较小（每米电缆对地电容值小于 10pF），不是构成直流电源系统对地电容的主要原因。

（2）是直流电源系统负载设备电源内部的 EMI 中的电容，由于对 EMI 对地电容缺少技术规范，而通常对一个设备来讲对地电容较大则 EMI 滤波效果更好。

如一般微机保护的开关电源的正、负输入端接有 4 个 0.47μF 对地电容。这样当一个直流电源系统上挂接很多个开关电源时，由于 EMI 的原因就形成了很大的直流电源系统对地电容，对上海地区所有 220kV 及以上变电站直流电源系统对地电容普测后发现，大型 220kV 变电站和 500kV 变电站的直流电源系统对地电容一般都在 30μF 以上，在直流一点接地情况下足以导致出口继电器动作。尽管本案例中的对地电容主要是绝缘检测装置内部的对地电容，但即便没有装置内部电容，只要其他因素形成的对地电容足够大同样可以发生类似误动。

因此，当在 KM 跳闸继电器上通过欧姆挡小电阻一点接地时，直流电源系统的 C+ 对地电容通过接地点与 KM 继电器构成充电回路，直流电源系统的 C- 通过接地点与 KM 继电器构成放电回路。等效于一个 C+ 和 C- 电容量之和的电容器上负对地电压对 KM 出口继电器进行放电过程，从而造成继电保护的误动。

三、采取对策与措施

（1）按照 DL/T 1392—2014《直流电源系统绝缘监测技术条件》对不满足要求的绝缘监测装置进行改造，满足标准中各项功能及技术指标要求。

（2）新投入或改造后的直流电源系统绝缘监测装置，不应采用交流注入法测量直流电源系统绝缘状态。在用的采用交流注入法原理的直流电源系统绝缘监测装置，应逐步更换为直流原理的直流电源系统绝缘监测装置。

（3）合理控制出口继电器工作电压，使继电器工作电压控制在 55%～70% 范围内。

案例2　直流两点接地导致变压器风冷装置全停故障

一、故障简述

故障当日 10 点 35 分，某 220kV 变电站直流电源系统绝缘监察装置报"Ⅰ段直流接地"信号。10 点 51 分，2 号主变压器后台装置报"风冷全停故障"信号，经确认因直流电源系统正极接地，接通风冷自动投入控制回路中 K5 继电器，强行断开了风冷Ⅰ、Ⅱ路进线交流电源接触器回路，是造成 2 号主变压器风冷装置全停的直接原因。

二、故障原因分析

1. 系统组成及运行方式

该站直流操作电源为 DC 220V，系统采用单母线分段接线运行方式，配置 2 组蓄电池，每组 104 只，容量 300Ah；配置 2 套充电装置。正常运行状态下控制母线电压在 234V。

2. 故障描述

故障当日 10 点 35 分，直流电源系统绝缘监察装置报"Ⅰ段直流接地"信号，运维人员接到通知赶往现场检查，发现直流Ⅰ段母线正极对地电压为 45V，负极对地电压为 190V，判断为直流Ⅰ段母线正极接地故障；10 点 51 分，2 号主变压器测控装置报"风冷全停故障"信号，运维人员到现场检查，2 号主变压器风冷处于全停状态，检查风冷控制箱发现Ⅰ、Ⅱ路进线交流电源接触器均处于脱扣位置；经检查风冷Ⅰ、Ⅱ路进线交流电源电压均正常，运维人员使用工具强行按压风冷Ⅰ、Ⅱ路进线交流电源接触器，风冷交流电源接触器控制回路启动，主变压器风冷系统开始正常运行。

3. 故障原因分析

（1）对冷却器自动投入控制回路直流电源现场检查，发现直流Ⅰ段母线正极接地。

（2）对风冷控制系统图（见图 5-3）与实际情况进行检查。

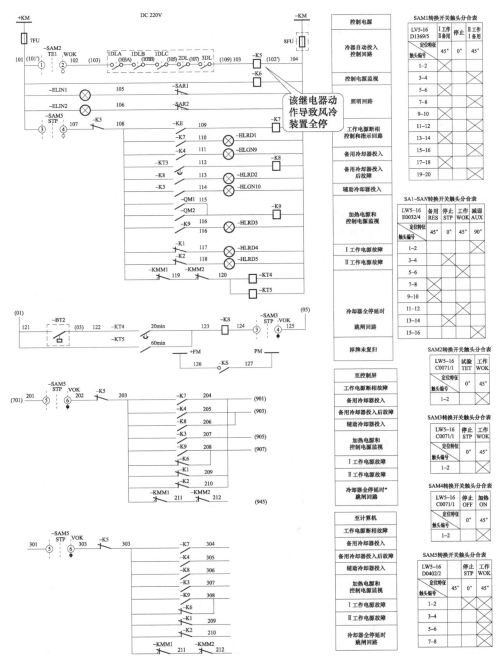

图 5-3 某 220kV 变电站风冷系统控制图

1）经检查发现风冷系统控制图"冷却器自动投入控制回路"中，主变压器三侧断路器动断触点"1DLA、1DLB、1DLC、2DL、3DL"直接短接状态，未从主变压器三侧断路器回路引接。

2）在此情况下，SAM2切换把手处于工作位置，确定回路断开的情况下，而K5继电器吸合动作。

3）经运维人员进一步检查，K5继电器一端接入冷却器自动投入控制回路直流电源"负"极，在直流系统"正"极接地情况下，使继电器K5线圈导通动作，其接入风冷交流工作电源接触器回路的动断触点K5断开，见图5-3，致使风冷工作电源接触器KM1、KM2无法投入，2号主变压器风冷装置停止工作。

（3）同时，检查过程中发现110kV某出线断路器端子箱内端子排因凝露受潮，导致直流电源系统正接地发生。经现场检查分析：

1）此次故障的根源为冷却器自动投入控制回路中K5继电器因老化，底座绝缘性能降低，有形成非直接接地，因有较高电阻值，未造成直流接地告警。

2）由于直流电源系统正极接地，主变压器三侧断路器动断触点"1DLA、1DLB、1DLC、2DL、3DL"直接短接，使风冷Ⅰ、Ⅱ路进线交流电源接触器回路中"K5"继电器形成回路，强行断开了风冷Ⅰ、Ⅱ路进线交流工作电源接触器回路，是造成2号主变压器风冷装置全停的直接原因。

三、故障处理过程

（1）外观检查情况。经运维人员与二次人员共同检查发现直流Ⅰ段母线出现"DC 220V控制电源"回路绝缘性能降低，直流电源系统Ⅰ段母线"正"极接地。

（2）试验检查情况。经测试该把手处于"试验"位置时，接通良好，处于"工作"位置时，断开良好。将风冷进线交流电源接触器控制回路中试验把手SA2打在"工作"位置后，导致该控制回路接通，风冷装置控制停止工作，在实际测量中回路中K5接触器吸合动作，是导致2号主变压器风冷全停的主要因素。

四、故障处理与防范措施

1. 故障处理

（1）对该站110kV某出线断路器端子箱内端子排因凝露受潮进行通风干燥处理，并对端子箱内进行加装驱潮除湿设施。

（2）经历次设备改造后，风冷控制回路中的三侧断路器常闭接点"1DLA、1DLB、1DLC、2DL、3DL"已未从断路器引接，对该回路进行解除，对接入风冷装置电源的K5动断触点进行短接解除。

（3）进一步加强直流电源系统的巡视和检查，排查直流电源系统中部分绝缘性能降低但未报警的回路，进行相应隐患处理。

（4）排查同类强油风冷变压器风冷全停隐患。

2. 防范措施

（1）对于历次改造过的强油风冷变压器回路进行紧急排查，特别对于风冷全停试验回路、风冷自动投切回路进行检查，对于失去功能的回路进行拆除，彻底排除风冷全停隐患。

（2）故障间接原因为直流电源系统两点接地，直接接地导致的绝缘电阻降低可以直接报警发现，而经高阻接地的绝缘性能降低未能及时掌握，应经常性检查直流回路绝缘电阻降低情况，发现隐性接地故障，避免直流接地形成设备误动情况发生。

案例 3　某 220kV 变电站直流系统接地故障造成线路三相跳闸

一、故障简述

2015 年 12 月 13 日 15 时 03 分，由于某 220kV 变电站保护控制箱下端电缆破损，引起三相不一致保护时间继电器线圈正端接地，达到继电器动作时间和动作电压值，线路三相不一致保护动作灯亮，最终引起 220kV 线路三相断路器跳闸故障。

二、故障原因分析

1. 系统组成

该 220kV 线路断路器设置三相不一致保护。三相不一致保护采用单独控制箱，安放在 B 相断路器机构外，独立设置，如图 5-4 所示。正常情况下线路两端断路器合位，处于运行状态。

2. 故障描述

2015 年 12 月 13 日 15 时 3 分，该 220kV 变电站发生直流系统正极接地故障，220kV 线路三相断路器跳闸，16 时 30 分，保护人员到达现场，现场检查直流屏显示直流正极 0V，负极 224V，后台监控机显示线路三相不一致保护动作，三相断路器均由合变分，

图 5-4　三相不一致保护控制箱

保护装置、录波器均无动作报告。在断路器本体，断路器三相不一致保护动作灯亮。

打开三相不一致保护控制箱下端和 B 相断路器机构下端白钢槽，发现一根四芯电缆两端冻土下沉，且两端均被白钢槽、机构棱角磕破，电缆其中一芯完全接地，另外三芯绝缘不良。

图 5-5　继电器动作情况图

（1）外观检查情况。三相不一致保护控制箱内时间继电器 K36、跳闸 1 出口中间继电器 K37、跳闸 2 出口中间继电器 K38 均动作（继电器动作后掉牌未复归），如图 5-5 所示。

（2）试验检测情况。经试验人员测量启动电压为 140V 动作，满足（55%～70%）U_N 要求，且传动三相不一致保护动作时间，动作行为均正常。

3. 故障原因分析

三相不一致保护控制箱在断路器外部，三相断路器机构通过电缆与控制箱相连，由于电缆较长，且保护跳闸回路未经任何闭锁，时间继电器正端接地将引起三相不一致保护误动作。因此对断路器机构外独立的控制箱，再通过较长电缆同三相断路器机构相连方式电缆的防护工作非常重要，如图 5-6 所示。

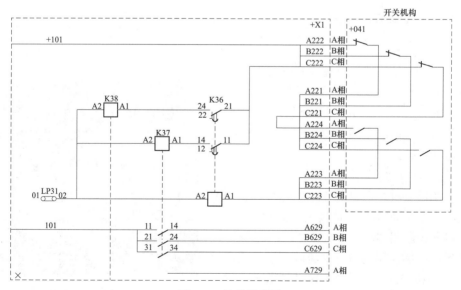

图 5-6　接线原理图

三相不一致保护动作原理为：正极电源 101 经三相断路器并联闭触点再串接三相断路器并联开触点，经压板连接时间继电器 K36 线圈，当一相或两相断路器跳闸后，上述回路导通，K36 启动，K36 两动合触点闭合，K38、K37 中间继电器动作，K37 接通第一组跳闸回路，K38 接通第二组跳闸回路，断路器三相跳闸。

断路器跳闸原因：由于接地点刚好在 A1 至 A223/B223/C223 之间，时间继电器线圈正端完全接地，电压为 0，时间继电器负端经连接片 LP31 连接的负电为224V，加在 K36 线圈两端电压为 224V，达到继电器动作电压 140V，K36 动作，经 2.5s，启动 K37、K38，接通第一组、第二组三相跳闸线圈，跳开三相断路器。

三、故障处理过程

（1）现场检查直流电压为直流正极 0V，负极 224V，后台监控机显示不一致保护动作，三相断路器均由合变分，保护装置、录波器均无动作报告，线路断路器本体发现断路器三相不一致保护动作灯亮。

（2）保护人员更换了破损的电缆，对时间继电器进行试验，传动三相不一致保护动作无误后报告调度，22 时 36 分，线路恢复送电。

四、故障处理与防范措施

1. 故障处理
（1）立即对事故变事故电缆及间隔重动继电器进行更换。
（2）对其他变电站同类问题间隔进行检查，如有发现类似情况，立即列入整改计划进行更换。
（3）进一步加强对直流系统接地的巡视和检查。

2. 防范措施
针对来自系统操作、故障、直流系统接地等异常情况，应采取有效防误动措施，防止保护装置单一元件损坏可能引起的不正确动作。断路器失灵启动母差、变压器断路器失灵启动等重要回路宜采用双开入接口，必要时，还可装设大功率重动继电器，或者采取软件防误等措施。

应采取以下防范措施：
（1）对变电站各线路三相不一致保护控制箱电缆进线进行检查，对下沉的电缆、因受冻变形的电缆及时更换。
（2）利用线路停电检修时间，更换三相不一致保护控制箱至三相断路器机构电缆，电缆重新布置，走地上电缆槽，电缆留有余地，严防裸露的芯线与机构或白钢槽直接接触，防止电缆划伤造成直流接地。
（3）对回路更换大功率重动继电器。

案例4 变电站保护测控装置引起直流环网及接地故障

一、故障简述

2014 年 4 月 29 日，某 330kV 变电站直流两段母线同时出现不同程度绝缘性能降低故障，通过直流接地快速查找仪查找接地点，发现由于保护测控装置内部电压测控版严重烧毁，导致两段直流母线出现异极环网故障。

二、故障原因分析

1. 系统组成及运行方式

该变电站直流电源系统按单母线分 Ⅰ、Ⅱ 段配置方式运行，每段直流母线配置 1 台直流电源系统绝缘监测装置。两段直流母线各自独立运行。

2. 故障描述

2014 年 4 月 29 日某 330kV 变电站，Ⅰ 段母线运行显示的参数为 U=220.5V、$U+$=156V、$U-$=64.5V、$R+$=999.9kΩ、$R-$=34.8kΩ；Ⅱ 段母线运行显示的参数为 U=222.1V、$U+$=83.5V、$U-$=138.6V、$R+$=69.4kΩ、$R-$=999.9kΩ。

绝缘装置接地告警电阻整定值 25kΩ，装置没有发出告警信号。

（1）外观检查情况。使用万用表测量系统母线对地电压基本和装置所测一致。

（2）试验检测情况。Ⅰ、Ⅱ 段直流电源系统平衡桥不退出，在 Ⅱ 段接上直流接地快速查找仪测得 U=224.5V、$R+$=31kΩ、$R-$=52.7kΩ；退出 Ⅱ 段平衡桥测得 U=224.5V、$R+$=76.4kΩ、$R-$=999.9kΩ；退出 Ⅰ、Ⅱ 段平衡桥测得：U=224.5V、$R+$=999.9kΩ、$R-$=247.5kΩ。

在 Ⅰ 段直流电源系统接上 10kΩ临时平衡桥，在 Ⅱ 段直流系统用直流接地快速查找仪测得：

U=224.5V、$R+$=63.2kΩ、$R-$=999.9kΩ；在 Ⅱ 段直流电源系统接上 10kΩ临时平衡桥，在 Ⅰ 段直流电源系统用直流接地快速查找仪测得 U=221.3V、$R+$=999.9kΩ、$R-$=33.7kΩ；因此判断该直流电源系统存在一个 50kΩ左右电阻性异极环网，Ⅱ 段直流电源系统负极存在 90kΩ接地，直流电源系统对接地电容为 18μF。

环网查找：在 Ⅰ 段直流电源系统接上 10kΩ临时平衡桥，在 Ⅱ 段直流电源系统用直流接地快速查找仪测得系统电阻后，开始查找环网，在 Ⅰ 段发现 3 条有波形馈线，分别是 330kV 1 号小室、330kV 2 号小室、110kV 1 号小室。在 Ⅱ 段对应 3 条馈线上也有波形但波形均较杂，其中 330kV 2 号小室波形和 Ⅰ 段平衡桥地线波形较为相似,故而怀疑环网点在 330kV 2 号小室。到该小室查找,发现在总进线处该波形还存在,但测试所有馈线均未出现环网信号,排除馈线环网可能。接着查找该小母线上其他负载,查找到测控回路有环网波形,查看吊牌得知该馈线通向通信接口 II 屏,到该屏查看发现该电缆进入一台测控装置内,该电缆异极环网消失。

接地查找:把直流接地快速查找仪测接在 II 段,测得 U=221.3V、$R+$=999.9kΩ、$R-$=98.5kΩ、C=18.7μF;测量 II 段所有馈线发现 330kV 1 号小室、330kV 2 号小室、110kV 1 号小室均有规则正弦波显示,按测试键报无接地。其他馈线均无接地信号,且这次接地发生前这 3 个小室均有施工,但接地发生后施工已经暂停,而且把施工涉及直流电已经全部复归,从而到这 3 个小室查找,发现上小母牌后接地波形消失,测量小母排上其他用电设备也均无接地信号。回主控室退出直流接地快速查找仪信号源,接上接地查找仪,测量所有馈线均报无接地,从而判断接地点不在馈线在母排上其他用电设备,查找到测控信号电源直接接在母排上。该电缆也接到通信接口 II 屏保护测控装置,退出该装置直流接地消失。

3. 故障原因分析

直流两段母线同时出现不同程度绝缘性能降低故障,通过直流接地快速查找仪查找接地点时,发现由于保护测控装置内部电压测控版严重烧毁,如图 5-7 所示。导致两段直流母线出现异极环网故障。

图 5-7　测控板烧坏图

三、故障处理过程

将保护装置测控板取出,发现保护测控装置内部电压测控板严重烧毁。

四、故障处理与防范措施

原有直流电源系统绝缘监测装置不具备直流环网故障告警检测功能，以致当测控装置电路板烧坏时，无法检测到直流环网故障。

案例5　500kV变电站直流电源系统因两点接地造成线路断路器误动跳闸

一、故障简述

某500kV变电站因下雨天气，线路断路器跳闸机构箱内，直流回路存在两点接地，造成线路断路器A相跳闸，重合成功。

二、故障分析原因

1. 系统组成

该500kV变电站500kV侧为3/2接线方式。

2. 故障描述

线路断路器保护发"重合闸动作"信号，断路器保护屏"重合闸"红灯亮，操作箱"重合闸"红灯亮，故障录波装置显示"A相（通道047）启动"，保护装置动作报告显示A相跳闸，重合成功，除此之外无其他保护动作信息。

（1）就地检查断路器A相合闸、跳闸线圈接线盒，发现电缆管接头处潮湿，有积水。用1000V绝缘电阻表测试跳闸回路绝缘电阻值为0Ω，用万用表测试绝缘为104kΩ。对接线盒处跳闸回路端子进行绝缘包扎，直流绝缘恢复正常。

根据分析得出本断路器跳闸回路出现接地。

（2）拔下断路器A相机构箱压力连接插头，发现插头有渗水、锈蚀现象，其中，插头1、2端子连接控制正电源。拔下断路器B相、C相机构箱压力连接插头，检查无渗水腐蚀现象。

根据A相机构箱压力连接插头的渗水、锈蚀现象，分析断路器控制回路出现直流正极瞬间接地。

（3）断开断路器控制电源，在线路保护屏用试验仪外接220V直流电源，模拟直流负极接地，装置无异常信号。

（4）分别模拟第一组、二组控制回路的单跳单重，断路器动作行为正确。

3. 故障原因分析

从保护动作信号分析，判断为直流控制回路异常造成断路器跳闸。结合现场检查，分析为机构箱压力连接插头渗水，导致直流系统出现两点接地故障，造成线路断路器 A 相跳闸；断路器 A 相跳闸后，断路器保护装置重合闸出口，断路器重合。直流两点接地的跳闸回路示意图见图 5-8。

图 5-8　直流两点接地的跳闸回路示意图

三、故障处理与防范措施

1. 故障处理

对本断路器跳闸机构的二次接线进行包扎紧固，对机构箱插排进行打胶密封处理。

2. 防范措施

加强对端子箱、机构箱的清扫、密封，做好防雨防潮措施，防止直流系统绝缘性能降低或接地。

案例 6　直流电源系统接地故障造成 220kV 线路断路器跳闸

一、故障简述

某 220kV 变电站因二次控制电缆头线芯受损，由于雨天，直流母线正极接地，并且正电源与跳闸回路线芯导通，造成断路器 A 相跳闸。

二、故障分析原因

1. 系统运行方式

该 220kV 变电站系统运行方式：220kV 东、西母线经母联 230 断路器并列运行，1 号主变压器 201、甲线 231、乙线 233、丙线 235 断路器接东母运行；2 号主变压器 202、丁线 232、戊线 234、己线 236 断路器接西母运行。事故当天天气情况：小雨转多云。

2. 故障描述

（1）外观检查。现场出现"该站直流 I 段绝缘监察装置接地告警"，在现场检查 I 段的直流绝缘监测装置，显示 12 支路接地，判断为 231 控制回路 1 正极接地。

（2）试验检查。保护人员到变电站开始直流接地检查。对231断路器第一组操作电源进行拉路后，Ⅰ段直流绝缘监测装置的接地告警信号消失，确定接地点在231断路器第一组控制回路。恢复第一组操作电源，汇报调度机构，准备进一步检查。

在231间隔端子箱，检查端子箱至231线路纵联差动保护屏的控制电缆，用500V绝缘电阻表测量正电源线芯与第一组A相跳闸线芯间的绝缘为0Ω，见图5-9。

剥开电缆头热缩护套，发现电缆线芯多芯受损，见图5-10。电缆型号为KVVP-14×1.5。

图5-9　直流正电源与第一组A相　　　　图5-10　电缆剥开后发现线芯多芯受损

3. 故障原因分析

判断为直流一点接地故障导致断路器跳闸。

根据现场检查，分析231断路器跳闸原因为231线路的二次控制电缆头线芯受损，雨天端子箱潮气增大导致电缆芯绝缘下降，出现直流母线正极接地，并且甲线231第一组跳闸回路101与137A线芯之间导通，从而造成231断路器A相跳闸，再由三相不一致保护动作跳闸三相。231断路器第一组跳闸回路的导通示意见图5-11。

图5-11　231断路器第一组跳闸回路导通示意图

三、故障处理与防范措施

1. 故障处理

更换甲线231断路器端子箱至纵联差动保护屏的控制电缆，重新接线后231

断路器恢复送电。

2. 防范措施

（1）及时消除直流系统接地缺陷，同一直流母线段，当出现同时两点接地时，应立即采取措施消除，避免由于直流同一母线两点接地，造成继电保护或开关误动故障。当出现直流系统一点接地时，应及时消除。

（2）加强端子箱、机构箱的运行维护管理，确保端子箱、机构箱封堵完好，做好端子箱、机构箱防雨、防潮措施，在雨天增加巡视和检查。

案例7　某电厂交流窜入直流系统造成机组跳闸事件

一、故障简述

2014年1月3日、5日和9日某电厂连续发生机组突然跳闸事件，汽轮机主汽门关闭，锅炉灭火。经多次全面彻底检查，发现发电机变压器组保护D柜中高压厂用变压器风扇启动交流电缆与瓦斯动作回路直流电缆在端子排处被短接，导致高压厂用变压器在发出风扇启动指令时，交流电源窜入直流回路，保护误动，机组发生跳闸。

二、故障原因分析

1. 系统组成及运行方式

该电厂2号机组于1996年6月14日投产。机组并网运行，带大负荷，各运行参数正常。

2. 故障描述

（1）外观检查情况。对机组DCS系统、主变压器出口2202断路器的控制回路、220kV系统保护、2号机组发电机变压器组保护及励磁系统、6kV系统进行了全面排查，确认各系统无报警，保护无动作，回路接线正确，端子无松动，直流系统正常，2202断路器以及6123、6124断路器机构动作无异常。

对直流电源进行检查，发现直流电源未见异常，外部电缆绝缘良好，保护装置内部回路绝缘良好，开入继电器动作电压符合要求。

对高压厂用变压器就地控制柜进行彻底检查，发现由发电机变压器组保护D柜来的高压厂用变压器风扇启动指令交流电缆与高压厂用变压器瓦斯动作直流回路，在转接端子排被错误的环接。

（2）试验检测情况。对2号发电机组的保护动作试验，未获得符合故障现象的结果。但在开入端模拟瞬时短路时，保护全停动作出现了与故障现象相吻合的结果。

对 D 柜的直流滤波器进行交流耐压试验时，有放电声音。

3. 故障原因分析

对高压厂用变压器就地控制柜进行彻底检查，发现由发电机变压器组保护 D 柜来的高压厂用变压器风扇启动指令电缆与高压厂用变压器瓦斯动作回路（直流），在转接端子排被错误的环接。当高压厂用变压器负荷达到额定负荷的 60% 时，发动机变压器组保护 D 柜发出高压厂用变压器风扇启动指令，触点闭合，则将高压厂用变压器启动控制电源（交流）与瓦斯动作回路（直流）连接，从而将交流电源窜入发电机变压器组保护 D 柜的直流回路，致使发电机变压器组保护 D 柜全停 2 误动，出口跳闸。故障回路示意图如图 5-12 所示。

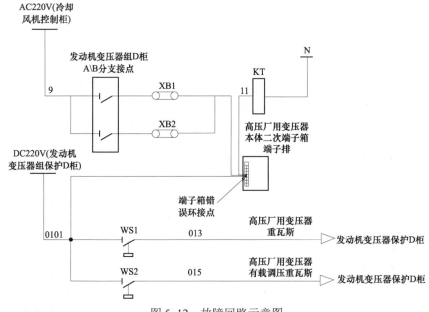

图 5-12　故障回路示意图

分析 2 号机组 1 月 3 日、5 日、9 日跳闸时的运行工况，跳闸时分别伴有输煤系统上煤、浆液循环泵启动、4 号磨煤机启动，这些负荷启动电流可以达到其额定电流的 5 倍以上，在瞬间使高压厂用变压器负荷达到风扇启动值，发电机变压器组保护 D 柜发出风扇启动指令，将风扇启动控制回路的交流电窜入发电机变压器组保护的直流回路，导致发电机变压器组保护 D 柜全停 2 误动。而后，启动电流下降至正常工作电流，高压厂用变压器启动指令返回，切断交流窜入直流的回路，使后续的故障排除无迹可寻。

经查在本次 2 号机组高压厂用变压器大修中，为配合高压厂用变压器吊罩检查，将高压厂用变压器就地控制柜的控制回路进行了拆接，从而将故障隐患嵌入到运行回路中，以至于引起 2 号机组多次跳闸。

三、故障处理与防范措施

1. 故障处理

对引起故障发生的错误接线处进行改正，并在全厂进行隐患排查。

2. 防范措施

（1）加强对电气二次回路排查。对其余机组电气二次回路进行全面检查，防止类似问题再次发生。

（2）完善监控检查措施，对保护装置、SOE 记录进行定时检查、记录，发现异常及时汇报。

（3）加强基础工作的管理，加强设备改造及检修后图纸的收集整理工作，完善设备台账。

（4）完善直流电源系统绝缘监测装置功能，使其具备交流窜电故障的测量记录、选线及报警功能，对交流窜电故障进行实时监测。

案例8　110kV 某变电站小动物枯尸造成交直流窜电故障

一、故障简述

某 110kV 变电站巡检时，发现该 110kV 站计算机监控后台某 110kV 间隔检线路显示"有压和无压指示信号闪动"信号，继电保护未动作。经检查，在低电压继电器端子箱底座内有小蛇尸体，由于该蛇体与继电器输出直流接点、TV 交流电压回路短接并接地，从而造成交流窜入直流系统故障。

二、故障原因分析

1. 系统组成及运行方式

110kV 间隔出线端子箱加装有电磁式低电压继电器，作为有效判别线路是否有压的判据。继电器安装方式采用嵌入式结构安装方式。

2. 故障描述

（1）外观检查情况。对低电压继电器进行专项检查，在外观检查中发现安装在端子箱的继电器底座有松动现象，继保人员在紧固继电器底座螺丝时，发现该低电压继电器底座下面有一条小蛇。小动物干枯在底座小空间里实际图详见图 5-13。

图5-13 端子箱低电压继电器底座

（2）试验检测情况。事故后，现场运行人员对该间隔的开关机构箱、端子箱等设备进行了全面的外观逐一检查，未发现异常情况。

（3）解体检查情况。将检查低电压继电器拆下，并解体继电器底座下发现有一条干枯死的蛇在底座嵌槽内。更换低电压继电器后，恢复正常。

3. 故障原因分析

交流窜入直流电源故障直接原因是小蛇从端子箱控制电缆缝隙爬入端子箱内，进入低电压继电器松动的底座下面嵌槽内，由于该蛇体与继电器输出直流接点、抽取 TV 交流电压回路短接并接地，从而造成交、直流窜电故障。

小动物如老鼠、蛇和青蛙类最喜欢生活在阴凉、阴暗和潮湿的地方，在变电站内，电缆沟、下水道是小动物主要藏身之处，如果端子箱与电缆沟的密封不到位留有一些小孔洞，就会给运行带来不安全问题。

三、故障处理与防范措施

1. 故障处理

（1）更换新的低电压继电器，处理后回路预警信号消失，恢复正常。

（2）再次检查端子箱内其他设备无小动物隐患。

2. 防范措施

交流串入直流回路、操作箱屏蔽不合规范导致灰尘静电击穿或回路寄生、绝缘性能降低等原因引起，检查验证过程可复制性低，小动物对电气设备的更严重的危害是引起高压电气设备的短路，造成设备损坏或停电事故；此外，老鼠对二次回路电缆或电线的咬食也会造成断路器误跳或拒跳、电动隔离开关的误动和直流短路接地等事故，根据上述对小动物的分类、生存环境和危害设备情况的分析，有的放矢地采取如下防范措施：

（1）设立第1道防线，即阻止小动物进入站内，做好防鼠、防蛇等防范措施。

（2）保护屏、控制屏以及各种端子箱做好密封、户外电缆沟的沟板要严格封堵，防止小动物钻入电缆沟。

（3）通往户外设备构架的电缆要采用铠装电缆或用钢管、PVC 管等加以保护。

一、故障简述

某 220kV 变电站汇控柜内电机直流电源负极接线错误，同时直流母线联络直流开关投入运行，造成两段直流正极互窜；在直流绝缘监测装置分机损坏时出现直流母线电压波动异常。

二、故障原因分析

1. 系统组成

该 220kV 变电站一次系统正常运行。直流电源系统采用单母线分 I、II 段配置。

2. 故障描述

2015 年 4 月 20 日 17:00，在例行巡检维护时发现直流母线电压波动异常。

I 段直流显示数据 U=230.3V，$U-$=93.2~112.6V 波动，$R+$=999kΩ，$R-$=999kΩ。

II 段直流显示数据 U=232.6V，$U-$=96.3~117.8V 波动，$R+$=999kΩ，$R-$=999kΩ。

使用万用表测量电压跟显示值基本一样。调整 I 段直流充电装置的输出电压，II 段直流母线电压未变化。在 I 段的备用馈线模拟负极 20kΩ 接地，II 段直流绝缘监测装置也报系统接地故障信号，显示数据为 U=230.7V，$U-$=53.2V，$R+$=999kΩ，$R-$=24kΩ。

（1）查找直流互窜故障点。使用接地查找仪手持器对馈线逐条进行查找，发现 I 段 2 号主变压器 102 汇控柜电动机电源、II 段 110kV ××线 171 汇控电机电源均存在明显的正弦波，查 110kV 电动机电源的环网直流断路器在运行。继续检查，发现 110kV ××线 175 断路器汇控柜中直流负极端子 D20 误接至 D19，导致直流电源负极未接入，如图 5–14 所示。将接线端子改接，断开 110kV 电动机电源的联络直流开关后，直流互窜现象消除。

经查，110kV ××线 175 间隔是二期扩建新间隔，因为施工人员接线错误导致本间隔的电机电源异

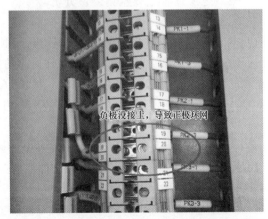

负极没接上，导致正极环网

图 5–14 175 断路器汇控柜中直流负极端子接线图

常，因此合上 110kV 电动机电源的联络直流开关供电，造成两段直流长期正极互窜。

（2）查找电压波动原因。直流母线电压出现负极对地压有 20V 幅度的波动，因为直流绝缘监测装置曾出现过装置异常报警，判断为直流绝缘监测装置引起。关闭Ⅰ、Ⅱ段绝缘监测装置主机，关闭直流监控装置和充电装置，直流系统电压仍然波动。关闭直流绝缘监测装置分机，系统电压恢复平稳，由此排查为直流绝缘监测装置分机损坏造成系统电压波动。解除直流绝缘监测装置分机地线后，系统电压恢复正常，见图 5-15。

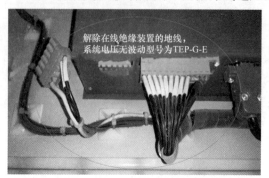

图 5-15　直流绝缘监测装置分机损坏
造成直流母线电压波动

3. 故障原因分析

经过排查判，直流电源负极未接入导致直流互窜故障；电压波动原因为直流绝缘监测装置分机损坏所致。

三、故障处理与防范措施

1. 故障处理

（1）更正 110kV ××线 175 断路器汇控柜中直流接线错误，断开 110kV 电动机电源的联络直流开关，解除直流互窜。

（2）更换直流绝缘监测装置分机。

2. 防范措施

（1）变电站直流系统的馈出网络应采用辐射状供电方式，严禁采用环状供电方式。

（2）直流绝缘监测装置应具备直流互窜的检测功能。DL/T 1392—2014《直流电源系统绝缘监测装置技术条件》5.5.6.1 和 5.5.6.2 规定，当直流系统发生直流互窜故障时，产品应能发出直流互窜故障告警信息。产品应能选出直流互窜的故障支路。

案例 10　变电站直流互窜引起直流系统接地故障

一、故障简述

某 220kV 变电站由于变压器就地端子箱的公共电源连接片短接，Ⅱ段直流电源母线正极经过 DC 220V/24V 电源模块，以+24V 窜接至Ⅰ段直流正极，从而形成直流跨电压等级的正极窜接。

二、故障分析原因

1. 系统组成

该变电站内直流电源系统采用单母线分Ⅰ、Ⅱ段运行方式，1 号充电装置供Ⅰ段直流母线，1 号蓄电池组浮充电运行，2 号充电装置供Ⅱ段直流母线，2 号蓄电池组浮充电运行。

2. 故障描述

19:08，直流绝缘监测装置报"直流电源Ⅰ段母线绝缘异常"信号。

3. 故障原因分析

根据直流绝缘监测装置报信号，判断Ⅰ段直流母线发生直流接地故障。在进一步检查过程中，发现两段母线存在直流互窜现象。

三、故障处理过程

（1）现场测量Ⅰ段直流母线正极对地电压+42V，负极对地电压–181V，初步判断为直流正极经过渡性电阻接地。

（2）检查Ⅰ段直流母线各负荷支路绝缘数据，发现 1 号变压器非电量保护 C 屏的绝缘数据不合格。同时发现Ⅱ段直流母线绝缘数据异常，测量正极对地电压+42V，负极对地电压–181V，数据与直流Ⅰ段母线一致，但支路绝缘电阻数据却均无异常，同时Ⅱ段直流绝缘监测装置没有告警信号。初步判断出现直流互窜，同时Ⅱ段直流绝缘监测装置可能异常导致无告警信号。

（3）为确认Ⅱ段直流绝缘监测装置是否存在异常，现场进行瞬时接地故障试验，发现Ⅱ段直流绝缘监测装置能可靠发出告警信号，电阻监测值与试验接地电阻一致，认定Ⅱ段直流绝缘监测装置无异常。

（4）以Ⅰ段直流绝缘异常支路为突破点继续检查，在退出 1 号变压器非电量保护 C 屏外部开入回路后，发现Ⅰ段直流绝缘数据、Ⅰ段母线正、负极对地电压均恢复正常，告警信号消失，同时Ⅱ段母线正、负极对地电压也恢复正常，因此认定直流互窜故障点在变压器非电量保护 C 屏外部开入回路。

（5）在 1 号变压器就地端子箱检查，发现两个电源公共端连接片破损、互相搭接。经核实两电源分别为变压器保护 C 屏的直流开入回路（+110V 直流公共端）和主变冷却器控制开入回路（+24V 直流公共端），其中，变压器保护 C 屏的直流开入回路引自Ⅰ段直流母线，而主变压器冷却器控制开入回路控制开入回路电源引自直流Ⅱ段母线，并经 DC 220V/DC 24V 电源模块转换。

133

现场拆除连接片，并通过短接试验加以验证，先后特征对比完全一致，因而判断为两段直流母线互窜由连接片搭接造成。

（6）结合上述检查，确认本次故障原因为Ⅱ段直流正极+110V 经过 DC 220V/DC 24V 电源模块，以低电压+24V 窜接至Ⅰ段直流正极+110V，从而形成直流跨电压等级的正极窜接。

四、故障处理与防范措施

1. 故障处理

在变压器就地端子箱拆除造成直流互窜的连接片，直流电源系统恢复正常运行。

2. 防范措施

直流绝缘监测装置应具备直流互窜的检测功能。DL/T 1392—2014 的 5.5.6.1 和 5.5.6.2 规定，当直流系统发生直流互窜故障时，产品应能发出直流互窜故障告警信息。产品应能选出直流互窜的故障支路。

案例 11 220kV 变电站直流系统绝缘监测缺陷引起直流电压波动

一、故障简述

某 220kV 变电站现场进行充电装置改造，两段直流母线暂时并列运行。发现两段直流母线的正极对地电压 $U+$ 在 108～122V 间波动。经查明，是保护控制装置遥信电源异常所引起。同时发现两段直流电源系统各自存在两组绝缘监测平衡桥，直流分屏内绝缘监测装置分机平衡桥未退出。

二、故障分析原因

1. 系统组成及运行方式

某 220kV 变电站套直流电源系统，采用单母线分Ⅰ、Ⅱ配置，每段直流母线配置一台充电装置。现场进行充电装置改造。

2. 故障描述

2015 年 12 月 15 日，该变电站现场进行充电装置改造，两段直流母线暂时并列运行，两段直流母线的正极对地电压 $U+$ 在 108～122V 间波动。断开两段直流母线的母联断路器后，Ⅰ段直流母线的正极对地电压 $U+$ 仍在 108～122V 间波动；Ⅱ段直流母线存在单极对地 1V 波动。

试验检测。在Ⅱ段直流母线接入手持式直流接地快速查找仪，检测到直流正、

负极对地绝缘电阻 $R+$=20.5kΩ，$R-$ =20.1kΩ。退出Ⅱ段直流绝缘监测装置平衡桥，再次检测数据：$R+$=40.8kΩ，$R-$ =40.1kΩ。对比两次检测数据，判断直流电源系统可能存在多组平衡桥，检查发现变电站1楼的直流分屏内还有直流绝缘检测装置，带有平衡桥，见图5-16。

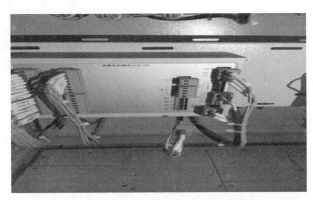

图 5-16　直流分屏的直流绝缘监测装置

退出该直流分屏内的绝缘检测装置后，测量Ⅱ段直流母线正负极对地绝缘电阻：$R+$=999.9kΩ，$R-$ =999.9kΩ。因为Ⅰ段直流绝缘监测装置的平衡桥仍投入，由该数据能够判断出Ⅱ段直流系统无接地及直流互窜情况。

为再次确认是否存在直流互窜，在Ⅰ段直流母线接入一组47kΩ平衡桥，检测Ⅱ段直流母线正负极对地绝缘电阻仍是 $R+$=999.9kΩ，$R-$ =999.9kΩ。最终确认该站Ⅱ段直流系统绝缘良好，两段直流系统无直流互窜。

由此，检测确认Ⅱ段直流系统多了1套平衡桥。解除直流分屏内直流绝缘检测装置的平衡桥。

同样发现Ⅰ段直流分屏内的直流绝缘监测装置带有多余的平衡桥，解除该平衡桥后，Ⅰ段直流母线对地电压 $U+$仍在108～122V不断波动。采用直流接地快速查找仪对Ⅰ段直流馈线逐个查找，发现以下馈线存在电压波动（见图5-17）：1号主变压器测控屏电源、110kV TV 测控电源、220kV 母差保护、公用屏及110kV测控装置电源。

对馈线下一级进行查找。518、522CK 屏内共有2组遥信电源空气断路器，见图5-18。断开其中一个空气断路器，电压波动减小一半；2组空气断路器都断开，电压波动消失。后又对110kV TV 测控电源屏、10kV 测量装置电源屏等不重要空气断路器进行退投，确认各组遥信电源均存在大致1V的电压波动。由于设备在正常运行，无法解线查找具体原因，需要结合设备停投时再进行查找。

图 5-17　直流接地快速查找仪检测　　　图 5-18　引起电压波动的测控
　　　　　到电压波动　　　　　　　　　　　装置遥信电源

3. 故障原因分析

判断为直流系统绝缘异常或直流绝缘监测装置异常。经查找，确认每段直流电源分电屏绝缘监测装置分机内部存在平衡桥。Ⅰ段直流系统电压在 $U+$ 在 108～122V 波动，是由 1 号主变压器测控屏电源、110kV TV 测控电源、220kV 母差保护等 7 个负荷引起的。

三、故障处理过程

在检测确认Ⅱ段直流系统存在多组平衡桥后，取消直流分屏内直流绝缘检测装置的平衡桥，系统恢复正常。

四、故障处理与防范措施

1. 故障处理

取消直流分屏内直流绝缘监测装置分机的平衡桥。

2. 防范措施

（1）DL/T 1392—2014 5.3.4 规定，直流系统绝缘监测装置分机应装在直流分电屏（柜）内，应具有分电屏（柜）支路绝缘监测功能，并配置相应电流传感器，但不配置平衡桥及检测桥。

每套直流系统应只有一组平衡桥，存在多组平衡桥会影响直流绝缘监测性能。部分运行的直流绝缘监测装置不符合技术标准要求，应予以更换。

（2）加强技术标准的落实及入网检测试验，避免不符合技术标准要求的直流绝缘监测装置继续入网运行。

案例 12 直流母线 I、II 段直流互窜造成两套绝缘监测装置告警

一、故障简述

2014 年 3 月，某 220kV 变电站进行投产验收试验。在进行直流 I 段母线直流接地模拟试验时，发现两段直流系统绝缘监测装置均发生接地告警，经检查，为绝缘监测装置中告警信号回路中共用 I 段正极导致两段直流互窜故障。

二、故障原因分析

1．系统组成及运行方式

该 220kV 变电站直流电源系统采用单母线分 I、II 段配置，直流母线为 220V 电压等级。两段直流母线独立运行，呈辐射式供电方式。

2．故障描述

（1）外观检查。模拟 II 段直流母线"正极"或"负极"接地试验时，II 段直流绝缘监测装置显示"直流正或负极接地"报文及信号，同时 I 段直流系统的绝缘监测装置也显示"直流正极接地"报文及信号。模拟 I 段直流母线"正极"或"负极"接地试验时，只有 I 段绝缘监测装置显示"直流正极或负极接地"报文及信号，II 段直流系统的绝缘监测装置无任何报文及信号。

（2）试验检测。对直流电源的 I 段进行各种直流接地模拟试验，绝缘监测装置告警正常；

对直流电源的 II 段进行模拟正极接地试验，II 段的绝缘监测装置告警，报正极接地，同时 I 段的绝缘监测装置也告警，报正极接地；对 II 段模拟负极接地试验，II 段的绝缘监测装置告警，报负极接地，同时 I 段的绝缘监测装置也告警，还是报正极接地；解除接地试验后，两边的告警同时消失；

通过以上试验确定：I 段发生直流接地时不影响 II 段的绝缘，II 段有接地时对 I 段的绝缘有影响。

3．故障原因分析

发现在两段直流母线的绝缘告警信号回路中共用直流 I 段正极。如图 5-19 所示。

当 II 段绝缘装置告警时，节点 K2 闭合，两段母线异极环网（I 段正极与 II 段负极），所以无论 II 段是正极接地还是负

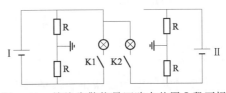

图 5-19 绝缘告警信号回路中共用 I 段正极

极接地，只要Ⅱ段的装置告警，Ⅰ段总报正极接地。造成寄生回路的原因是安装施工单位没有按照设计图纸接线。

三、故障处理与防范措施

1. 故障处理

解除寄生回路接线，两套绝缘装置告警信号分别取自各自直流电源，对其他类似的直流信号回路进行检查整改。

2. 防范措施

（1）对直流电源系统运行设备加强专业化巡视，对绝缘装置显示绝缘电阻有变化时，要及时上报并分析及处理。

（2）直流绝缘监测装置主机应具有交流窜入直流系统的测记、选线及报警功能，直流互窜的报警功能。

案例13 某电厂蓄电池监测模块引起直流接地故障

一、故障简述

2015年3月21日，某电厂4号机的机组220V直流电源系统发出接地报警信号。经检查排除，为蓄电池监测装置电源模块的负极电源线接地造成。

二、故障原因分析

1. 系统组成及运行方式

该电厂直流电源系统按单母线分Ⅰ、Ⅱ段配置，每段直流母线各配置1台直流绝缘监测装置。两段直流母线分立运行。

2. 故障描述

（1）外观检查情况。使用万用表测量直流电源系统母线对地电压基本和直流绝缘监测装置所测结果基本一致。

（2）试验检测情况。通过接地查找仪进行接地故障查找。首先把信号源接在直流屏蓄电池熔断器位置，使用查找仪测量充电装置总电源线无波形，测量直流馈线2号屏内3个投运的断路器也无波形，继续测量直流馈线2号屏到直流馈线1号屏的电源总线以及屏内的所有断路器支路也没波形。把信号源移至直流馈线1号屏，使用手持器测量1号屏内的所有支路无波形，测量直流馈线1号屏到直流馈线2号屏的电源总线报有接地且方向指向直流馈线2号屏，继续测量2号屏内的馈线支路也全部没有波形。初步认定负荷回路、充电装置和直流馈线屏1号及直流馈线屏 2 号无接地；接地可能在蓄电池组或直流屏内。

直流屏接地排查：直流电源两段母线联络 1QS2 隔离开关操作至断开状态，理论上蓄电池脱离直流系统运行，但是经测量电池出口负极对地电压与控母负极对地电压一致，正极对地电压差异 4V；通过 1QS2 隔离开关操作 I – II 母并联运行，在 I 母蓄电池出口接入 47kΩ平衡桥，II 段直流绝缘监测装置能够测量平衡桥阻值，说明通过母联开关不能退出蓄电池组，经初步查看蓄电池并无明显漏液等接地故障。

由于通过母联断路器不能退出蓄电池组，暂时无法排除蓄电池组有无接地的可能性。后退出蓄电池组熔丝，使用便携式接地查找仪测量蓄电池组出线端负极对地电阻值 $R-$为 21kΩ，确实存在接地故障。

确定蓄电池组存在接地故障后，把信号源移至蓄电池房内进行查找，最终确认是蓄电池室内的"蓄电池在线监测装置电源模块的负极电源线接地造成"。解开该负极电缆后接地故障消失，恢复直流绝缘监测装置后，测得的结果为正极绝缘电阻 $R+$为 999.9kΩ、负极对地绝缘内电阻 $R-$为 999.9kΩ。系统绝缘恢复正常。

图 5-20　装置电源模块接线图

3. 故障原因分析

本次接地故障是由蓄电池在线监测装置电源模块的负极电源线接地造成的，如图 5-20 所示。

三、故障处理与防范措施

1. 故障处理

断开蓄电池监测装置电源模块的负极电源线电缆后接地故障消失。

2. 防范措施

加强蓄电池监测系统装置及电源模块验收及检验。

案例 14　500kV 变电站直流电源系统绝缘下降及电压波动故障

一、故障简述

某 500kV 变电站由于 GPS 对时装置电源防雷器绝缘问题造成 I 段直流母线绝

缘下降，同时在直流绝缘下降时，直流绝缘监测装置本身原因造成直流对地电压周期性波动。

二、故障原因分析

1. 系统组成

该 500kV 变电站直流电源系统按单母线分 I、II 段配置，每段直流母线配置一套直流电源系统绝缘监测装置。

2. 故障描述

（1）外观检查。2015 年 1 月 5 日，I 段直流母线显示 $U+=78V$，$U-=159V$。使用万用表测量，直流对地电压 $U+=73V-93V$，$U-=136V-158V$，呈周期性波动。

（2）试验检测。

1）检测直流正、负极对地绝缘电阻。断开直流绝缘监测装置后，使用万用表测量系统对地电压 $U+=60V$，$U-=172V$，且不波动；在直流电源系统上接入 47kΩ 平衡桥后，再次万用表测量直流对地电压 $U+=103V$，$U-=130V$，可明确判断为直流绝缘监测装置引起直流对地电压波动。

断开外部接入的 47kΩ 平衡桥后，采用手持式直流接地查找仪接在 I 段直流母线检测，检测到正极对地电阻 $R+=98.6kΩ$，负极对地电阻 $R-=276.8kΩ$，系统对地电容 $C=14.3μF$，其正负极对地绝缘电阻与计算值基本相等。

2）绝缘下降故障点查找。使用手持仪器检测 I 段直流母线上所有的馈线支路，发现只有到 220kV 保护室的馈线支路报有接地信息。在 220kV 保护室查找时，发现到 GPS 扩展电源报有接地信息，且接地阻值和信号源的系统电阻基本一致，于是排除其他支路存在接地的可能，最终确认为 GPS 对时的电源防雷器绝缘下降引起的接地，见图 5–21。

图 5–21 GPS 对时电源防雷器的直流接地点

解除 GPS 对时的电源防雷器电源后，重新启动直流接地查找仪信号源，检测正极对地电阻 $R+=999.9\text{k}\Omega$，负极对地电阻 $R-=999.9\text{k}\Omega$；

退出直流接地智能快速查找仪信号源，恢复直流绝缘监测装置电源后，再次测量直流正负极对地电压，$U+=116.4\text{V}$，$U-=117\text{V}$，且电压不波动。

3）直流对地电压波动验证试验。试验方案为在直流电源系统上模拟接地，测量直流对地电压，确认在直流绝缘下降时，直流绝缘监测装置是否会引起直流对地电压的波动。

模拟正极 $94\text{k}\Omega$ 接地，使用万用表测量系统的对地电压，$U+=64\sim27\text{V}$，$U-=168\sim205\text{V}$，周期性波动；

模拟正极 $47\text{k}\Omega$ 接地，使用万用表测量系统的对地电压，$U+=83\sim51\text{V}$，$U-=149\sim181\text{V}$，周期性波动；

验证了当直流电源系统出现绝缘下降时，直流绝缘监测装置会引起直流对地电压周期性波动。

3．故障原因分析

经过上述检查，确认 GPS 对时的电源防雷器绝缘问题引起直流绝缘下降，同时确认出现当直流任何位置绝缘下降时，直流绝缘监测装置会引起直流对地电压周期性波动。

三、故障处理与防范措施

1．故障处理

处理 GPS 对时的电源防雷器绝缘下降问题，直流电源系统电压恢复正常。

2．防范措施

（1）DL/T 1392—2014 中 5.5.4.1 条规定在绝缘检测过程中，因投切检测桥必然引起系统正负母线对地电压的波动，系统负极母线对地电压应小于系统额定电压的 55%。5.5.4.2 条为防止直流系统一点接地引发保护误动，直流系统正负母线对地电压比值不得超出 $U-/U+=0.55/0.45\leqslant1.222$ 范围。

目前运行的部分直流绝缘监测装置在直流接地故障时，会不断地投切检测桥，造成直流对地电压大幅波动，波动范围超出技术标准要求，存在保护误动的隐患。运行单位应更换目前不符合技术标准要求的直流绝缘监测装置。

（2）直接系统所接设备多，回路复杂，在长期运行中会因环境的改变、气候的改变、电缆及接头的老化、所接设备本身的问题等，不可避免地发生直流系统接地。同时大量的接地故障并不稳定，会随着环境的变化而变化，因此现场查找直流接地是一个较为复杂的过程。

案例 15 500kV 变电站交换机绝缘下降引起直流电压偏移

一、故障简述

2014 年 5 月 23 日，某 500kV 变电站进行巡视时，发现 Ⅱ 段直流对地电压偏移较大，直流绝缘监测装置显示绝缘性能降低，经检查为交换机绝缘下降引起的直流电源系统对地电压偏移。

二、故障原因分析

1. 系统组成及运行方式

该 500kV 变电站为 110V 直流电压等级，系统配置单母线分 Ⅰ、Ⅱ 段，每段直流母线配置一台直流绝缘监测装置。

2. 故障描述

2014 年 5 月 23 日，该 500kV 变电站进行巡视时，发现 Ⅱ 段直流绝缘监测装置显示正极对地电压 $U+$ 为 45.7V，负极对地电压 $U-$ 为 70.1V，正极绝缘电阻 $R+$ 为 184.9kΩ。Ⅱ 段直流绝缘监测装置报警整定值为 15kΩ，但未发出报警信号。

（1）外观检查情况。使用万用表测量 Ⅰ 段直流电源系统母线正负极对地电压，与直流绝缘监测装置测得的结果基本一致。

（2）试验检测情况。退出 Ⅱ 段直流绝缘监测装置，使用便携式直流接地查找仪测量直流系统对地绝缘电阻值，测得正负极对地电阻分别为：正极绝缘电阻 $R+$ 为 185.3kΩ，绝缘下降但未达到报警值；负极对地绝缘电阻 $R-$ 为 999.9kΩ，判定绝缘良好；直流电源系统对地电容 C 为 23.7μF。

使用便携式接地查找仪中的手持器逐个查找 Ⅱ 段馈电屏所有馈线支路，发现 2 号馈线支路（Ⅱ 段 1 号直流分电屏）有接地波形，6 号馈线支路有不规则接地波形，按测试键后报"有接地"，接地方向指向 Ⅱ 段 3 号直流分电屏，接地电阻的阻值约为 190kΩ。根据上述检测数据分析，1 号馈线支路可能存在较大的对地电容，而 6 号馈线支路检测到的绝缘电阻和系统电阻基本一致，所以 6 号馈线支路存在的接地概率较大。进一步检测 6 号馈线支路 3 号直流分屏上的所有馈线支路，发现只有 43 号支路有接地信号，接地方向指向故障信息系统 B 柜装置电源屏。到故障信息系统 B 柜装置电源屏查找，发现是由于 HUB2 交换机绝缘下降引起的系统对地电压偏移。断开 HUB2 交换机电源后，使用万用表测量直流电源系统正极对地电压 $U+$ 为 59.9V，负极对地电压 $U-$ 为 56.0V。然后对 HUB2 交换机进行了绝缘处理。故障查找结束。

3. 故障原因分析

HUB2 交换机绝缘下降引起的直流电源系统对地电压偏移。

三、防范措施

在直流电源系统单极绝缘下降至 185kΩ情况下，直流电源系统正、负极对地电压偏移高达 70V，且没有对地电压补偿，超出直流绝缘监测装置行业标准的要求。

深圳市锦祥自动化设备有限公司

第六章 交、直流电源系统保护电器故障

案例1 220kV 变电站保护屏直流电源断路器越级跳闸故障

一、故障简述

2013 年 3 月 8 日，河北某 220kV 变电站现场施工调试测电压时，误将万用表表笔接至电流测量插孔中，导致 110kV 保护装置所用直流分屏 6 号馈线至 110kV 保护装置直流电源回路产生短路故障，万用表烧毁，该回路直流断路器 GM32/25A 脱扣，同时导致直流主馈线屏至该 110kV 保护装置所用直流分屏的直流断路器 GM100/63A 脱扣，即该 110kV 保护装置所用直流分屏的直流母线失压，所有保护设备停电。

二、故障原因分析

1. 系统组成

该 220kV 变电站直流电源系统采用单母线分段运行方式，配置 2 组蓄电池，每组 104 只，容量 400Ah。该站各级保护电器使用情况如下：

蓄电池出口保护元件为 NH2 系列熔断器，额定电流为 250A；蓄电池出口电缆：截面积为 95mm^2，长度为 12m。

直流主馈线屏出口直流断路器：额定电流为 63A 的两段式直流塑壳断路器，型号为 GM100/63A；直流屏出口电缆：截面积为 25mm^2，长度为 25m。

110kV 保护装置所用直流分屏直流断路器：额定电流为 25A 的两段式小型直流断路器，型号为 GM32/25A；直流分屏电缆：截面积为 4mm^2，长度为 10m。

110kV 保护装置内电源装置直流断路器：额定电流为 10A 的两段式小型直流断路器；110kV 测保屏至 110kV 保护装置的电缆：截面积为 2.5mm^2，长度为 1m。

2. 故障原因分析

该案例以 110kV 电压等级为例，进行分析：

（1）某厂家在施工调试使用万用表之前，未确定万用表的表笔插接位置。

（2）110kV 保护装置所用直流断路器配置不合理，造成回路短路事故，导致本级直流断路器和上级直流断路器同时脱扣，发生直流断路器越级跳闸，扩大了停电的范围。

三、故障处理过程

1．外观检查情况

110kV 保护室直流分电屏直流断路器 GM32/25A 脱扣，直流馈线屏直流断路器 GM100/63A 处于脱扣位置。

2．试验检测情况

万用表的表笔接在电流测量插孔中。

3．计算与分析

（1）短路电流计算方法。DL/T 5044—2014 提供了直流电源系统短路电流计算方法

$$I_{dk} = U_N / \left[n(r_b + r) + \sum r_j + \sum r_k \right]$$

式中　　I_{dk}——断路器安装处短路电流，A；

　　　　U_N——直流系统额定电压，取 110 或 220V，V；

　　　　r_b——蓄电池内阻，Ω；

　　　　r——蓄电池间连接条或导体电阻，Ω；

　　　$\sum r_j$——蓄电池组至断路器安装处连接电缆或导体电阻之和，Ω；

　　　$\sum r_k$——相关断路器触头电阻（即断路器内阻）之和，Ω。

（2）直流断路器的动作特性。图 6-1 为两段式塑壳直流断路器的安秒特性曲线，其中，区域 1 为过载长延时保护区域，区域 2 为短路瞬时保护区域。由于该曲线描述的是不同批次、不同电流规格断路器的过电流动作特性，因此，过载长延时保护和短路瞬时保护均呈现"区域"，即在出现过电流故障时，断路器的动作时间在区域内均视为合格。那么，对于短路瞬时保护，由图 6-1 可以看出，在 8 倍过电流时要可靠不动作，

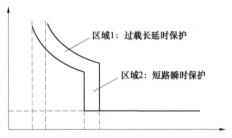

图 6-1　二段式塑壳直流断路器安秒特性曲线

在 12 倍过电流时应可靠动作，即直流断路器的瞬时动作电流要介于 8～12 倍额定电流之间。因此，要保证直流断路器不发生瞬时动作，回路中产生的短路电流一定要小于 8 倍的直流断路器额定电流，而要保证直流断路器瞬时动作，产生的短路电流一定要大于 12 倍的直流断路器额定电流。

（3）短路电流计算。采用直流电源短路电流计算专用软件，将该 220kV 变电

站的系统参数输入软件，得到如图 6-2 的短路电流计算图。

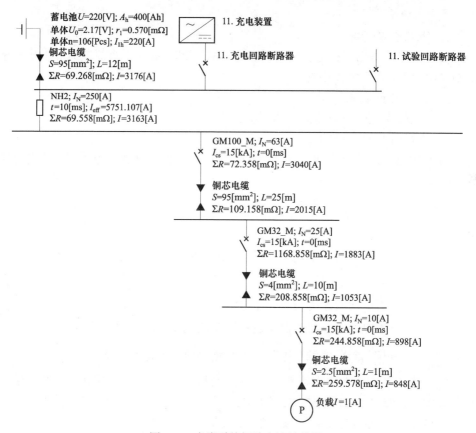

图 6-2　直流系统短路电流计算图

根据专用软件计算生成的四级直流断路器的安秒特性叠加图如图 6-3 所示。

其中，蓄电池出口保护电器 NH4 全程反时限保护，直流主馈屏直流断路器 GM100/63A 的瞬动电流范围为 504～756A，分电屏直流断路器 GM32/25A 的瞬动电流范围为 175～375A，负载设备直流断路器 GM32/10A 的瞬动电流范围为 75～150A。

由图 6-2 可以看出，分电屏馈出回路直流断路器（开关 GM32/25A）出口预期短路电流为 1.883kA，线缆末端预期短路电流为 1.053 8kA。由于 6 号回路馈出端子距离开关很近，因此，可近似为直流断路器出口处短路。从图 6-3 可知短路电流 1.883kA 同时落在本级直流断路器（GM32/25A）和上级直流断路器（GM100/63A）特性曲线的短路瞬动区间，两级断路器无延时，短路电流通过两极断路器，可能造成上级直流断路器先执行跳闸，因此一定会产生越级跳闸。

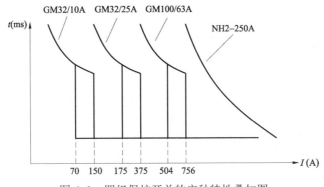

图 6-3 四级保护开关的安秒特性叠加图

四、故障处理与防范措施

（1）使用万用表之前，要注意表笔的位置及万用表挡位，防止发生直流系统短路故障。

（2）当直流馈线屏馈线额定电流大于 63A 时，选择塑壳直流断路器；在额定电流小于 63A 时，选用微型直流断路器。直流断路器的配置原则应满足 DL/T 5044—2014《电力工程直流系统设计规程》要求。

（3）对多支路直流馈线的回路，在直流主馈线屏向直流分电屏馈出回路或直流分电屏向保护装置馈出时，如果上下级不能满足选择性要求，可选用具有短路短延时保护的三段式直流断路器。

（4）由于大部分直流断路器灭弧时对极性有要求，因此在接线时应注意接线方向或者选用无极性直流断路器。当反极性接线时，如果发生短路，将导致开关烧损故障。

案例 2　某发电厂机组保护屏直流断路器越级跳闸故障

一、故障简述

2015 年 6 月 3 日，河北某发电厂 2 号机组正在进行检修阶段，2 号机发电机变压器组保护 A 屏在进行传动试验时，误触碰保护装置接线端子，造成发电机变压器组保护 A 屏保护装置的直流电源正负极短路，导致保护 A 屏上保护装置的直流电源断路器 GM32/23M C3 瞬时脱扣，同时，直流分电屏上馈线开关 5SX52 C10 和位于直流主屏馈线上一级直流断路器 5SX52 C16 也脱扣跳闸，造成 2 号机保护小室分电屏直流电源母线失压，即整个保护室失去直流电源，因 2 号机组处于检修阶段，未造成严重后果。

二、故障原因分析

1. 系统组成

该发电厂 2 号机发电机变压器组保护 A 屏直流电源供电树状图，如图 6–4 所示。2 号机发电机变压器组保护 A 屏保护装置保护电源为直流断路器 GM32/23M C3 型；其上一级发电机变压器组保护室直流分电屏配置为直流断路器 S262UC C6 型；2 号直流主屏馈线屏对应上一级直流断路器为 5SX52 C16 型。

2. 故障原因分析

该发电厂 2 号机控制电源为 DC 110V 直流电源，该直流电源系统采用 3 组充电装置、2 组蓄电池标准配置模式。每组 52 只电池，容量为 490Ah。2 号机保护小室配有一面直流分电屏。

从图 6–4 可看出，上下级直流断路器分别为 5SX52 C16、S262UC C6 和 GM32/23M C3，虽满足 2～4 个级差的规程规定，但因回路阻抗较小，短路电流较大（为 244.7A），在 2 号机发电机变压器组保护 A 屏保护电源直流断路器负荷侧短路时，上下级直流断路器同时进入瞬动区，因此，出现越级跳闸，保护无法实现级差的选择性配合。

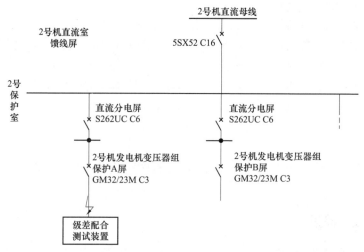

图 6–4　2 号机发电机变压器组保护 A 屏直流电源供电树状图

三、故障处理过程

1. 外观检查情况

脱扣跳闸的上下级直流断路器外观检查无异常。

2. 试验检测情况

（1）首先查看了 2 号机组直流回路、设计图纸、直流上下级直流断路器级差配置情况，上下级保护电器满足 2～4 个级差的规程规定。

（2）采用直流断路器安秒特性测试仪对其进行动作特性测试，测试结果上下级的直流断路器性能全部合格，断路器本体没有问题。

（3）采用直流保护电器级差配合测试系统进行级差配合校验测试。

断开保护电源负荷侧接线，接入级差配合测试系统，分别进行小电流预估和短路模拟校验。小电流预估试验是通过调节负荷，产生不同的试验电流和电压降，得出预期短路电流值；短路模拟校验试验是直接模拟短路故障，测试试验如图 6-5 所示。

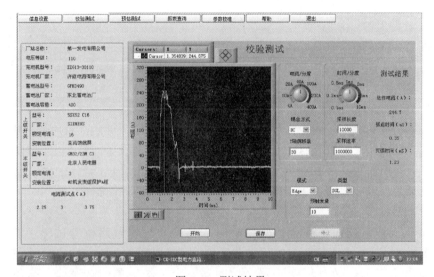

图 6-5　测试结果

2 号机发电机变压器组保护 A 屏直流保护电器级差配合校验测试数据见表 6-1。

表 6-1　　　　　　　　　　　　测 试 数 据

上级直流保护电器	型　号	安装位置
	5SX52 C16	2 号机直流馈线屏
下级直流保护电器	型号	安装位置
	GM32/23M C3	2 号机发电机变压器组保护 A 屏
上级直流保护电器	型号	安装位置
	5SX52 C16	2 号机直流馈线屏

测试结果			
预估测试		模拟短路校验测试	
预估短路电流（A）	级差配合概率（%）	短路电流（A）	是否越级跳闸
239.6	0.3	244.7	是

经过测试，预估短路电流和实际短路电流基本一致，由于短路电流同时达到上下级断路器瞬动区，导致上下级断路器同时动作，发生越级跳闸。

四、故障处理与防范措施

1. 故障处理

将上级直流断路器更换成 C 型 40A 直流断路器，加大上下级开关的级差，再次使用直流保护电器级差配合测试系统进行级差配合校验测试，测试结果合格，未出现越级跳闸，可以满足其级差配合的选择性要求。

2. 防范措施

（1）重视直流保护电器级差配合问题。现有直流电源屏内部直流保护电器基本上都能按照相关标准进行设计，但其他直流用电负荷设备如各类保护测控装置等，对其所用的直流开关类型和容量选择有时不够科学合理，容量偏大，甚至采用交流开关，造成直流保护电器上下级之间很难实现选择性配合。

（2）新建变电站及电厂投运前进行直流保护电器级差配合校验试验。在进行直流保护电器级差配合校验试验时，特别是模拟短路校验试验，有可能造成开关越级跳闸，有一定的风险性。对新建或改造的变电站直流系统应在投运前由施工单位做直流断路器（熔断器）上下级级差配合试验，合格后方可投运。

案例3 直流母线进线开关损坏导致直流负荷短时失电

一、故障简述

2010 年 3 月 17 日，广西某变电站完成第 2 组蓄电池的容量核查工作后，需要将第 2 组蓄电池投入到系统恢复直流母线分段运行的方式。在投切操作 3ZK 母线进线开关时，突发直流 II 段母线失压故障。

二、故障原因分析

1. 系统组成

该变电站直流电源系统采用单母分段接线运行方式，配置 2 组蓄电池，每组 108 只，容量 300Ah；配置 2 套充电装置。

2. 故障描述

事故前 1 号充电装置、第 1 组蓄电池组带全站直流负荷。完成 2 号充电装置及第 2 组蓄电池的停电核容检修工作后，需恢复直流母线分列运行方式。按要求断开 1 号充电装置输出输入开关，并按顺序将第 2 组蓄电池的熔断器、输出开关及母线进线断路器合闸，在断开直流Ⅰ、Ⅱ母线端母联断路器时，出现了 2 号馈线屏直流Ⅰ段母线所有负载掉电的故障。故障前直流电源系统的接线方式如图 6-6 所示。

3. 故障原因分析

故障直流断路器内部出现了正极触点断裂的现象；由于该直流断路器的触头材质及生产工艺的原因，导致在直流断路器分合一定次数后出现机械损伤、触头变形的现象，同时负荷电流的长期流经，也加速了该断路器的损伤及金属疲劳，最终导致触点断裂。

三、故障处理过程

故障发生后初步判读为 3ZK 开关故障，立即合上母联断路器，保持直流Ⅱ段母线负荷正常供电。之后将第 2 组蓄电池组退出系统，并对第 2 组蓄电池组、2 号充电装置至直流控母段回路上的各元件进行检查。蓄电池组、充电装置正常后，采用排除法，确认故障为 3ZK 开关故障。然后将开关解体，发现直流Ⅰ段控母进线开关在合闸位置时正极侧上下触头不导通，外观显示在合位，但开关上下触头实际上未接触到（控制母线进线开关现场实图），详见图 6-7。所以在断开母联断路器时，第 2 组蓄电池组未能可靠地连接到对应控制母线上，导致 2 号馈线柜直流Ⅰ段母线负载失电。

四、故障处理与防范措施

1. 故障处理

立即对 3ZK 直流母线进线开关进行更换。更换后，将运行方式恢复至正常运行方式。

2. 防范措施

（1）加强新站验收中直流屏各个隔离电器的检查。

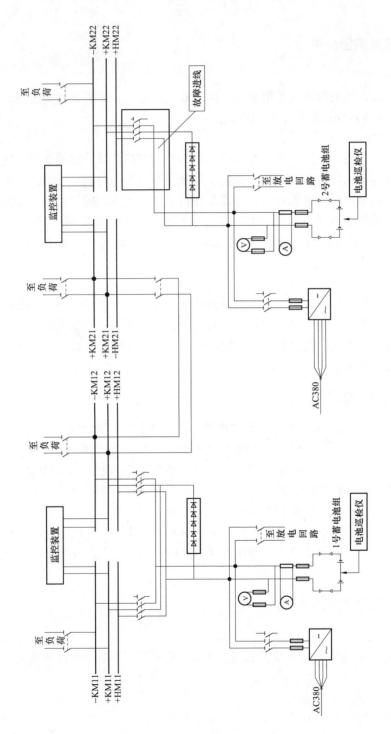

图 6－6　故障前直流电源系统

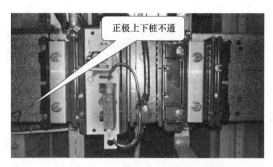

图 6-7 现场控制母线进线开关

（2）进一步完善直流系统的操作规程，在改变直流系统的运行方式时，注意检查各连接元件两端的电压及负荷电流分布情况，确保导电回路接触良好。

案例 4 蓄电池出口熔断器熔断造成一般性的电网事故

一、故障简述

黑龙江某 220kV 变电站，2006 年 7 月 3 日该变电站 66kV 线路发生三相短路故障，直接影响到站内站用变压器以及充电装置的输出电压下降；蓄电池熔断器已熔断，站内二次设备失去直流电源；站内的主变压器及 66kV 系统的保护均未动作，使该站 220kV 线路 I、II 对侧相邻两个 220kV 变电站的 220kV 线故障跳闸，造成该站 220kV 母线及 66kV 母线停电。由于蓄电池总熔断器熔断，导致一般性电网事故。

二、故障原因分析

1. 系统组成

该 220kV 变电站直流系统采用 1 台相控充电装置、1 台高频充电装置和 1 组蓄电池配置，蓄电池组回路采用老式 RT0 型熔断器，经计算与下级 10kV 合闸总熔断器满足级差配合要求。

2. 故障原因分析

2006 年 6 月 28 日因 10kV 合闸回路短路，由于该熔断器的安秒特性曲线误差较大，蓄电池熔断器与下级 10kV 合闸熔断器同时熔断。熔断器熔断后，撞击指示器被熔断器的铭牌挡住没有弹出，值班人员未能及时发现。

2006 年 7 月 3 日 19 时 53 分，该变电站 66kV 线路发生三相短路故障，使该站 66kV 母线、站用变压器电压降低，使直流充电模块电压下降到 100V 左右；此时蓄电池熔断器早已熔断，66kV 线路微机保护失去直流电源，断路器未动作。站内常规保护跳开 66kV 母联和 2 号主变压器 66kV 侧开关，其他微机保护因失去直流电源均未动作，使相邻两个 220kV 变电站的 220kV 线故障跳闸，造成该站 220kV 母线及 66kV 母线停电。

三、故障处理过程

立即更换该站 RT0 型熔断器，采用 NT0 型熔断器和撞击保险器，使撞击保险器动作时能够发出声光告警。

对变电站直流电源系统熔断器进行全面的检查，重点核查蓄电池组总熔断器的容量、是否有撞击保险器、各级熔断器的上下级配置是否合理、反措落实的情况等。

四、故障处理与防范措施

1. 故障处理

（1）熔断器的安秒特性曲线误差较大，蓄电池熔断器与下级 10kV 合闸熔断器同时熔断。熔断器存在缺陷：熔断器本身设计上的缺陷，熔体的老化现象，对此进行分析：

1）无冶金效应的熔体老化现象，由于熔断体反复通过较大电流，使熔体受到加热和冷却的循环，产生热膨胀和冷却收缩，使熔体受到机械应力，引起熔体金属材料晶格粗化、扭曲，导致电阻率增加而使特性变坏；

2）有冶金效应的熔体老化现象，由于熔体通过电流时温度的增加，还会使灭弧介质材料的分子溶解到熔体中去，产生合金现象，改变了熔点，而使特性变坏；

3）由于熔断器受环境温度和湿度的影响较大，熔断时间分散性大；

4）熔断器受一次大短路电流冲击，特性变化非常大，无法检验；

5）与基座的安装接触力的变化，接触表面氧化，使接触电阻变化很大；

6）在使用或安装中，已因外力破坏致部分熔片折断或受伤，内部电阻增大，成为熔断器的薄弱点，熔断器整体性能下降，导致越级动作，导致存在全站直流失压的隐患；

7）由于熔断器结构原因，出厂无法检测安秒特性曲线是否准确以及报警触点能否可靠动作。

（2）目前，较多变电站都不同程度地存在上级配置直流断路器下级配置熔断器的情况，多数变电站配置的直流断路器不是同一系列，即在直流断路器、熔断器级差配合方面仍存在一定的问题。

2. 防范措施

（1）对蓄电池出口熔断器进行定期检查，进行周期性更换。

（2）熔断器经过大短路电流冲击后应该予以更换。

（3）蓄电池组总出口熔断器应配置熔断告警接点，信号应可靠上传至调控部门。

（4）当直流断路器与蓄电池组出口总熔断器配合时，应考虑动作特性的不同，对级差做适当调整，也可采用具有熔断器特性的直流断路器作为保护元件。

案例5　某电厂直流电源系统断路器级差配合特性分析

一、分析简述

2014 年，某电厂公司进行安全性评价，自查整改中发现部分直流断路器级差配合不合理，将此列为安全隐患，为此进行保护电器级差配合特性和直流断路器的选择原则详细分析。

二、保护电器级差配合描述

1. 系统组成及运行方式

该电厂公司的直流电源系统共分为 5 个部分：地下厂房 220V 直流电源系统；继电保护楼 220V 直流电源系统；上库 48V 直流电源系统；中控楼 48V 直流电源系统；35kV 坎顶变电站 110V 直流电源系统。相互之间没有直接的电气联系。

该电厂公司地下厂房 220V 直流电源系统配置：两组蓄电池、两组充电机组；单母线分段运行。蓄电池组：容量为 1200Ah/每组，每组 108 只，设单独的蓄电池室。每组充电装置组分为：控母充电机，共 1 台 ATC230M20 型充电机；合母充电机，共 9 台 ATC230M20 型充电机。每段直流母线配两面馈线屏。

2. 保护电器配置描述

地下厂房 220V 直流电源系统，容量最大，用户最多，结构最复杂，以地下厂房 220V 直流电源系统为例，对直流断路器级差配合进行分析。

地下厂房 220V 直流电源系统直流断路器的配置为 4 级组成。

（1）第 1 级为蓄电池的熔断器和充电机的直流断路器；

（2）第 2 级为直流馈线屏的熔断器和直流断路器；

（3）第 3 级为直流分屏的熔断器和直流断路器；

（4）第 4 级为保护屏及其他屏的熔断器和直流断路器。

这 4 级按树状接线，进行辐射供电。每一级上并联有几个至几十个熔断器和直流断路器，他们互相影响，构成一个整体。

目前，地下厂房 220V 直流系统所采用的各级直流断路器规格型号，以部分直流断路器为例：

第 1 级：充电机出口的熔断器、直流断路器和蓄电池组出口熔断器配置如表 6–2 所示。

表 6–2　　　　　充电机出口的熔断器、断路器和蓄电池组出口熔断器配置

各电源保护电器名称	熔断器、直流断路器型号
合母充电机组熔断器 FU11、12、21、22	NT1–200A
控母充电机 1QF、2QF	S282UC–32A
蓄电池组熔断器 FU13、14、23、24	NT4–800A

第 2 级：直流 I 段配电屏的直流断路器配置如表 6–3 所示。

表 6–3　　　　　　　直流 I 段配电屏的直流断路器配置

各电源保护电器名称	熔断器、直流断路器型号
PMU 直流	C10A
02U+JF01 电源	C10A
02U+JF01FOX 电源	C10A
1～6 待定	C10A
02U+GH002	C10A
1～5 待定	K20A
至 1 号机旁 CU1 交流配电柜	C63A
至 2 号机旁 CU2 交流配电柜	C63A
至 3 号机旁 CU3 交流配电柜	C63A
至 4 号机旁 CU4 交流配电柜	C63A
至副厂房 63.1mLCU5 交直流配电柜	C63A
至副厂房 63.1mLCU5 交直流配电柜 2	C63A
至主变压器 80.6m0.4kV 配电室直流配电柜	C63A
1～4 待定	63、20
1 号机直流油泵	S1–100
2 号机直流油泵	S1–100
继电保护室地面	S1–125
1 号机起励	S2–160
2 号机起励	S2–160
全厂事故照明	S5–400

第3级：LCU1 直流配电盘的直流断路器配置如表 6-4 所示。

表 6-4　　　　　　　　　**LCU1 直流配电盘的直流断路器配置**

各电源保护电器名称	熔断器、直流断路器型号
直流一段进线直流断路器	C50A
220V 直流电压监视 1	C6A
发电机、电动机保护 A 组直流电源 1	C16A
发电机、电动机保护 B 组直流电源 1	C16A
主变压器保护 A 组直流电源 1	C16A
主变压器保护 B 组直流电源 1	C16A
励磁 220V 直流电源 1	C16A
直流Ⅲ段电源 1	C20A
直流Ⅳ段电源 1	C20A
机组 220—24V DC—DC 变换器 1 220V 直流电源（Convetor 电源）	C6A
发动机出口开关+2GCB–B1 220V 直流控制电压	C10A
冷却水 DC—DC 变换器 1 220V 直流电源	C6A
发动机及隔离分相母线 DC—DC 变换器 1 220V 直流电源	C10A
水轮控制柜 DC—DC 变换器 1 220V 直流电源（P/T 现地控制盘）	C10A
调速器柜 DC—DC 变换器 1 220V 直流电源	C10A
主变压器控制电源	C16A
备用	C6A

第4级：各保护盘柜、设备盘柜内的直流电源断路器配置如表 6-5 所示。

表 6-5　　　　　　　　**各保护盘柜、设备盘柜内的直流电源断路器配置**

各电源保护电器名称	熔断器、直流断路器型号
机械保护 220V 直流输入电压	C6A
机械保护 220V 直流输入电压	C6A
控制和报警信号 220V 直流电源	C6A
同期 220V 直流控制电源	C6A
发动机直流控制电源	C10A
制动开关 220V 直流电源	C6A
发电机 A 组保护 220V 直流控制电源	C16A

各电源保护电器名称	熔断器、直流断路器型号
主变压器 A 组保护 220V 直流控制电源	C16A
水泵水轮机 220V 直流控制电源	C10A
发动机出口开关前、后启动隔离开关控制电源	C6A
发电机 B 组保护 220V 直流控制电源	C16A
主变压器 B 组保护 220V 直流控制电源	C16A
隔离分相母线 220V 直流控制电源	C16A
备用	C10A
1 号机故障录波器电源	C6A
机组保护闭锁回路电源 G/M A	C6A
机组保护闭锁回路电源 G/M B	C6A

三、保护电器级差配合特性分析

下面从几个方面对保护电器级差配合特性进行分析。

1. 交、直流断路器混用

（1）断路器的功能。断路器是用于当电路中发生过载、短路和欠压等不正常情况时，能自动分断电路的电器，也可以用作不频繁地启动电动机或接通、分断电路。它是低压交、直流配电系统中的重要保护器件之一。具有过载反时限动作断开和短路快速切除的保护功能。

（2）断路器的特征。交、直流断路器的燃弧及熄弧过程不同。

1）由于直流短路电流的灭弧比交流困难，不像交流电流有过零的特征，容易熄弧。所以直流开关的开断距离要大于交流断路器。为更好地提供灭弧能力，在直流断路器的消弧槽内附加了恒定磁场，它可与直流电弧作用在灭弧室内，使之更容易灭弧，因此，直流断路器的接线是有极性要求，不能接反。

2）交流断路器与直流断路器灭弧原理不同，交流断路器用于直流回路中不能有效、可靠地熄灭电流电弧，容易造成上、下级越级动作。

在本次检查中，并未发现有交流空气断路器用于直流系统的现象。

2. 直流断路器的特性问题

各直流断路器厂家及设计手册提供的级差配合是按同一型号、同熔体材料确定上、下级级差，从而保证能够满足保护的选择性。当回路中有不同类型的直流断路器时，级差配合应引起高度重视。目前，该电厂所用的直流断路器动作特性，主要是 B 特性和 C 特性。

3. 直流断路器的特性分析

部分直流断路器额定电流配置不合理，如 LCU 直流配电盘上直流Ⅲ、Ⅳ段电源直流断路器为 C20A，其下级直流断路器为 C6A，C10A，C16A，C20A 难与其下级 C16A 配合，建议换成 C32A。

四、直流断路器的选择原则与建议

1. 直流断路器级差的含义

直流系统断路器的级差是指所采用同一系列直流断路器上、下级的额定电流等级之差。

2. 直流断路器额定电流的选择

一个站的直流系统所选直流断路器的级数最多不宜超过 4 级。保护电器级数是指从蓄电池总出口到直流负荷端其区间的直流断路器串联的数量。先根据相关规程规范选择蓄电池出口及直流负荷端直流断路器额定电流，然后，对处在中间的直流断路器根据各级短路电流值进行合理配置。

（1）蓄电池组出口回路：直流断路器的额定电流应按蓄电池 1h 放电电流值；即铅酸蓄电池可取 $5.5I_{10}$，中倍率镉镍碱性蓄电池可取 $7.0I_5$，高倍率碱性镉镍蓄电池可取 $20.0I_5$。

（2）充电装置输出回路：直流断路器额定电流应按充电装置额定输出电流的 1.2 倍选择。

（3）直流电动机回路：直流断路器额定电流应按直流电动机额定电流选择。

（4）断路器电磁机构的合闸回路：直流断路器额定电流应按电磁机构合闸电流的 0.3 倍选择。

（5）直流分电柜电源回路。

1）直流断路器额定电流按直流分电柜上全部用电回路的计算电流之和选择；

2）为了保证保护电器动作选择性的要求，直流断路器的额定电流还应大于直流分电柜馈线直流断路器的额定电流，它们之间的电流级差不宜小于 4 级。

3. 直流断路器选择原则

当直流回路出现故障时，能迅速、准确、可靠地将故障电流从系统中切断，使故障区域缩小到最小范围，要求直流断路器不能拒动，也不能误动，更不能越级误动。

4. 直流系统级差的配合

为了解决直流断路器保护级差配合及满足动作选择性的要求，部分厂商或运行单位往往采用加大断路器上、下级额定电流之间的级差来满足选择性的要求，这并不合理，其对此进行分析：

（1）加大级差是有限制的，一般情况下为2~4级，而不是无限制的；

（2）在某些情况下，加大级差对直流回路保护是不利的，尤其是电源端和负载端，假如为了满足保护级差配合和动作选择性的要求，将断路器的额定电流随意加大级差，当发生故障，其故障电流达不到断路器故障瞬时动作电流值，就只能靠断路器过载长延时保护来实现断路器脱扣，这样长时间通过故障电流会造成电力系统严重过载或短路等后果。

同样，直流电源系统最末端的保护即负载端也不能随意加大直流断路器的额定电流，应按照有关规程规定选择直流断路器的额定电流。如果直流断路器的额定电流大于用电设备的实际电流，在回路发生故障时将失去动作的选择性，造成拒动。

5. 建议

（1）新、扩建或改造的变电站直流系统用断路器应采用具有自动脱扣功能的直流断路器，严禁使用普通交流断路器。应加强直流断路器上、下级之间的级差配合的运行维护管理。

（2）除蓄电池组出口总熔断器以外，逐步将现有运行的熔断器更换为直流专用断路器。当直流断路器与蓄电池组出口总熔断器配合时，应考虑动作特性的不同，对级差做适当调整。

（3）一个站的直流系统所选直流断路器的级数最多不宜超过4级，且宜选用同一系列产品。

案例6　220kV 变电站直流电源系统倒闸操作造成直流母线失电

一、故障简述

山东某220kV变电站维护人员按照规定对该变电站1号直流充电装置进行试验，在进行直流电源系统倒闸操作时，误将1号直流充电装置和第1组蓄电池退出运行，造成直流Ⅰ段母线失电。

二、故障原因分析

1. 系统组成

该变电站直流操作电源为DC 220V，系统采用单母线分段接线运行方式，配置2组蓄电池、2套充电装置。直流电源系统采用屏顶小母线供电方式，直流电源系统接线如图6-8所示。

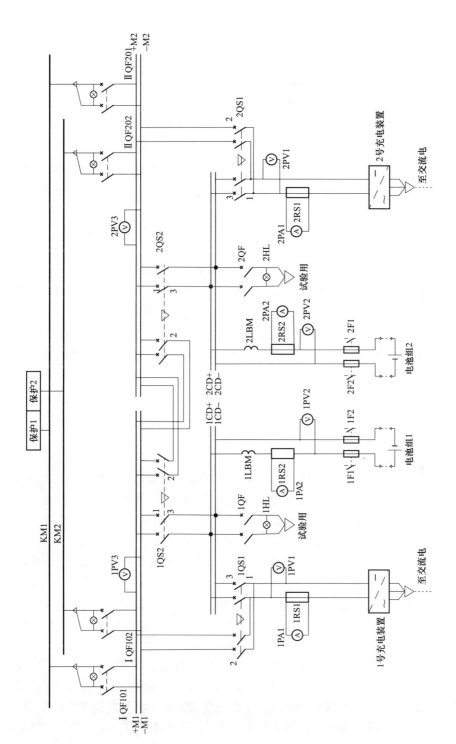

图 6-8 某 220kV 变电站直流电源系统接线图

161

2. 故障描述

倒闸操作前该站直流电源系统运行方式为单母线分段、分列运行。

（1）各级双投隔离开关（1QS1（2QS1）和1QS2（1QS2））运行位置。1QS1（2QS1）有三个位置，分别是：对母线充电（1、2）位置，对蓄电池组充电（1、3）位置，断开，断开位置在中间；1QS2（1QS2）有三个位置，分别是：对母线联络（1、3）位置，Ⅰ、Ⅱ段联络（1、2）位置，断开，断开位置在中间。

倒闸操作前1QS1（2QS1）开关均打至对蓄电池组充电（1、3）位置，1QS2（2QS2）开关均打至对母线联络（1、3）位置，两套直流电源设备分别对两段直流母线供电。

（2）ⅠQF101、ⅠQF102和ⅡQF201、ⅡQF202主控室保护操作电源断路器运行位置。

主控室Ⅰ段控制母线至Ⅰ段屏顶小母线的ⅠQF101和Ⅱ段控制母线至Ⅱ段屏顶小母线的ⅡQF202在合闸位置；主控室上Ⅱ段控制母线至Ⅰ段屏顶小母线的ⅡQF201和Ⅰ段控制母线至Ⅱ段屏顶小母线的ⅠQF102在断开位置。

直流电源维护人员在进行直流倒闸操作时，将1号直流充电装置和第1组蓄电池退出运行时，直流Ⅰ段母线失电，此时，后台主机报多个保护和测控装置通讯中断信号，并检查主控室保护操作电源断路器ⅠQF101和ⅡQF202的状态，发现ⅠQF101在断开状态，地调命令对该ⅠQF101进行试送不成功；地调再次命令对ⅡQF201进行试送两次不成功，即断开该段直流母线所带保护和测控装置电源断路器后，第三次试送成功。

3. 故障原因分析

（1）直流母线失电原因分析。操作人员在将两段直流母线并列运行，退出第一套直流电源设备时，进行直流电源倒方式操作；操作人员直接操作1QS2将两段直流母线并列运行，将1QS2母线联络（1、3）位置打至直流Ⅰ、Ⅱ段联络（1、2）位置，此时1QS2为断开位置；1QS1开关在对蓄电池组充电（1、3）位置，1QS2为中间位置时，直流Ⅰ段母线与1号充电装置和第1组蓄电池脱开而造成失电。

如果该站1QS1（2QS1）开关在对母线充电（1、2）位置，操作人员进行上述操作时，1QS2开关应打至中间位置时，直流Ⅰ段母线短时由1号充电装置供电，就不会造成直流Ⅰ段母线失电的事件发生。

（2）Ⅰ路保护操作电源断路器断开原因分析。直流Ⅰ段母线失电后，操作人员立即将1QS2开关恢复至原位即对母线联络（1、3）位置，使直流Ⅰ段母线恢复供电，此时，后台机仍报多个保护和测控装置通讯中断信号，检查发现主控室保护操作电源断路器ⅠQF101在断开状态，Ⅰ段屏顶小母线失电，多个保护和测控装置失去电源。

经现场检查断路器Ⅰ QF101 正常没有问题，根据当时检查的情况，判断断路器Ⅰ QF101 跳开的原因是由于Ⅰ QF101 断路器同时带多路保护和测控装置，负荷同时上电，上电电流过大达到了该断路器的脱扣器动作值，即Ⅰ QF101 在断开状态，也是调度三次命令对该断路器进行带负荷试送均不成功的主要原因。

三、故障处理过程

1. 外观检查情况

检查主控室保护操作电源断路器Ⅰ QF101 在断开状态，所有直流开关、蓄电池组、充电装置外观均无异常。

2. 试验检测情况

对该站直流电源系统进行了全面检查，全站恢复送电后站内直流母线电压正常；充电装置输入、输出正常；所有直流开关、蓄电池均正常。

四、故障处理与防范措施

1. 故障处理

将 1QS1（2QS1）开关均打至对母线充电（1、2）位置；在变电站现场运行规程中应明确直流系统各种运行方式下各开关的位置；在变电站现场运行规程中应明确直流系统倒方式操作流程。

2. 防范措施

（1）应有合理的直流电源系统运行方式。经上述分析，该站直流母线失电的根本原因是直流电源系统运行方式和 1QS1（2QS1）开关均打至对蓄电池组充电（1、3）位置不合理而造成的；正确直流电源系统运行方式是将 1QS1（2QS1）开关均打至对母线充电（1、2）位置，并且在变电站运行规程中应明确直流电源系统各种运行方式下各开关的位置。

（2）应有合理的直流电源供电方案。由于该站采用屏顶小母线供电方式，导致主控室保护操作电源断路器Ⅰ QF101 带多路负荷合闸于 220V 直流母线，由于同时上电冲击电流过大而导致Ⅰ QF101 跳闸，造成多路保护和测控装置失电的严重后果。为此，应该取消主控室保护操作电源总断路器和屏顶小母线供电方案，将该站直流电源供电方案改造一对一的辐射状供电方式。

（3）建议取消直流系统双投隔离开关接线方式。变电站直流电源系统在采用双投开关接线方式时，在倒闸操作时操作步骤复杂，容易引起操作人员误操作的问题，而造成直流母线失电的严重后果，并且，在两段直流母线从分列运行倒至并列运行的过程中会出现一段直流母线瞬时脱离蓄电池组的情况，不符合两组蓄电池组的直流系统，应满足在运行中两段母线切换时不中断供电的要求，切换过程中允许两组蓄电池短时并联运行，禁止在两系统都存在接地故障情况下进行切换。

案例 7　充电装置输入侧交流断路器故障导致越级跳闸事故

一、故障简述

2011 年 6 月 8 点 21 时，内蒙古某 500kV 变电站发生一起"1 号充电柜 I 交流电源输入侧 1 停电，1 号充电柜 I 交流电源输入侧 2 停电"报文。运维人员现场查看，1 号直流充电柜 PSM–A 装置告警红灯亮，液晶屏显示各模块通讯中断，故障预告蜂鸣器响，该装置电流显示为 0A，装置电压为 215V，1 号充电装置的充电模块有焦煳味，380V 配电室 1 号充电装置电源 1、2 抽屉式断路器跳闸。

二、故障原因分析

1. 系统组成

该 500kV 变电站控制电源为 DC 220V 直流电源，直流电源系统采用两段单母线接线分段运行方式。该系统采用 3 组充电装置、2 组蓄电池，每组 108 只，容量 500Ah/每组。

2. 故障描述

（1）外观检查情况。现场检查充电装置输出电流显示为 0A，电压为 215V，由第 1 组蓄电池为直流 I 段负荷供电。

根据现场检查情况：

1）集中监控器显示的故障充电模块编号及对充电模块直流输出电压测量，确定 1 号充电装置的第 3、4 台充电模块故障，并且有焦煳味。

2）充电装置交流电源 I、II 路进线 Q1、Q2 交流断路器应跳开，但实际未跳开，而上级 380V 配电室 1 号直流充电装置交流电源 I、II 段母线侧抽屉式断路器先跳闸，属于越级跳闸。

（2）试验检测情况。检查 1 号直流充柜 I 段进线 Q1 断路器时发现分合断路器时 C 相均导通；检查 I、II 路交流接触器时，发现在两路交流电源输入均断开的情况下，KM1 接触器没有释放，万用表测量 B、C 相均在导通状态。

3. 故障原因分析

（1）交流电源输入侧充电模块长期运行，部件老化，内部绝缘击穿，短路电流达到交流进线输入交流断路器的脱扣电流值。

（2）实际动作情况为，交流电源Ⅰ路输入Q1断路器未跳开，交流接触器KM1仍然励磁，处于吸合状态，直接越级跳开上级380V配电室交流电源Ⅰ段抽屉式断路器（供1号直流充电装置交流Ⅰ路），该断路器跳闸后KM1仍然吸合；自动切换到ZDQH交流Ⅱ路供电，但短路故障仍未消除，交流电源Ⅱ路进线Q2断路器未跳，越级跳开上级380V配电室交流电源Ⅱ段抽屉式断路器（供1号直流充电装置交流Ⅱ路）。1号直流充电装置交流电源Ⅰ、Ⅱ路切换回路，详见图6-9、图6-10。

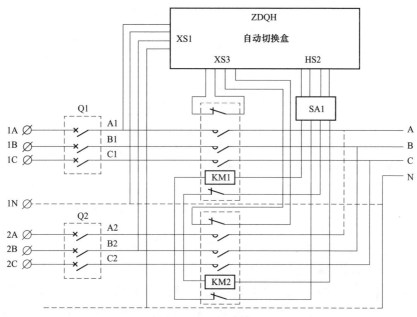

其中　Q1、Q2为交流1、2路进线空气断路器
　　　KM1、KM2为交流1、2路接触器
　　　SA为转换开关

图6-9　充电装置内交流1、2路接入回路

（3）现场检查经万用表测量。

1）1号直流充电装置Ⅰ段交流接触器KM1的B、C相和Q1断路器的C相接点烧损，上下粘连（是指交流系统C相电流出现过负荷现象，发热使动、静触点熔化粘连），导致接触器KM1无法正常释放，Q1断路器C相接点无法正常断开，从而造成越级跳开380V配电室1号直流充电装置交流电源Ⅰ段母线侧抽屉式断路器。

2）1号直流充电装置交流电源Ⅱ路Q2断路器外观接线无异常。

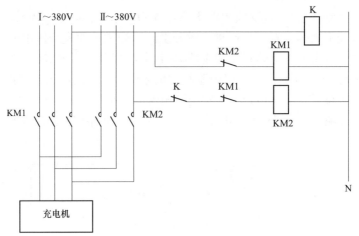

其中 K为交流1路判据交流继电器常闭辅助接点
KM1为交流1路交流继电器辅助接点
KM2为交流2路交流继电器辅助接点

图6-10 自动切换盒内工作回路

充电装置交流电源Ⅱ路进线 Q2 断路器采用 CM1-63L 型断路器,额定电流 I_N 为 63A,瞬时脱扣整定电流 $I_m=10I_N$,10×63=630(A);380V 配电室 1 号直流充电装置交流母线Ⅱ段侧抽屉式断路器采用 NS80H-MA 型断路器,调整在 $6I_N$ 位置,即瞬时脱扣整定电流为 $I=6×80=480A$,低于充电装置交流电源Ⅱ路 Q2 断路器瞬时脱扣整定电流 I_m。因此,在发生短路故障时,短路电流为 500A 时,$I_m=480A<500A<630A=I_m$,就会造成 380V 配电室 1 号直流充电柜Ⅱ段母线侧抽屉式断路器先动作跳闸,而充电装置交流Ⅱ路进线 Q2 断路器还没达到动作值(未跳闸)。

经上述分析各级交流断路器的配置不合理是造成越级跳闸事故的直接原因,在选择交流断路器时需要考虑系统上下级配合关系。

三、故障处理过程

按危急缺陷上报后,立即隔离 1 号直流充电装置,断开 1 号直流充电柜Ⅰ段两路交流进线空气断路器,启动 3 号备用直流充电装置送电预案,将直流Ⅰ段由 3 号备用直流充电装置带路运行。

四、故障处理与防范措施

(1)对 1 号直流充电装置损坏充电模块、KM1 交流接触器和交流 380V 配电室 1 号直流充电柜Ⅰ段母线侧抽屉式断路器进行更换。充电模块型号为 HD220/20,共 5 台,交流输入设计电流为 30A,交流输入侧交流断路器额定电流应按设计电流的 1.2 倍整定，（即 $I_r \geqslant 1.2 \times 30 = 36A$），应更换额定电流为 40A 的交流断路器，瞬时脱扣整定电流为 400A。交流母线侧抽屉式断路器瞬时脱扣整定电流应大于短路电流 500A，宜设定一定的延时。

（2）检查直流充电装置输入侧交流断路器，凡不符合上述计算要求的应全部更换。改善充电模块散热系统，从而降低设备老化速度。周期性工作中增加直流充电装置交流电源Ⅰ、Ⅱ路定期切换工作，及时发现接触器和断路器异常现象。投产验收和更换备件后，要认真检查断路器和接触器电缆接线情况，确保接线牢固。

辽宁兰陵易电工程技术有限公司

第七章　变电站交流电源故障引起直流电源系统故障

案例1　站用电源断路器故障导致蓄电池容量下降

一、故障简述

2000 年 6 月 15 日凌晨 4 时左右，南方电网某 110kV 变电站站用变压器低压断路器损坏，导致站用 380V 交流电源失压，充电装置失去电源停止工作，蓄电池组为直流负荷提供电源；从系统报警到检修人员赶到现场查明原因耗时较长，蓄电池组带约 30A 的直流负荷持续放电约 5h，造成蓄电池组容量（电压）下降。

二、故障分析原因

1. 系统组成及运行方式

该站直流操作电源为 DC 220V，系统采用单母线分段接线运行方式，正常负荷电流为 23A，充电装置处于浮充状态，蓄电池组浮充电流为 0.02A；配置 1 组蓄电池 108 只，容量 300Ah；配置 1 组充电装置，该站只有 1 台站用变压器，充电装置交流电源由 1 号交流配电屏供电。

2. 故障描述

经检查交流电源失压的原因为站用变压器低压断路器 B 相触头接触不良，严重过热导致整个交流断路器进线端子烧熔。由于该故障发生在凌晨 4 时许，从系统报警到检修人员赶到现场查明原因耗时较长，蓄电池组带约 30A 的负载（正常负载电流为 23A）持续放电 5h 左右，蓄电池组电压由 220V 下降至 200V。

3. 故障原因分析

经现场检查报告分析，导致本次故障的直接原因是站用变压器低压断路器损坏，交流回路断电；由于交、直流电源系统均为单电源，充电装置失去电源；蓄电池组长时间带大电流负荷，容量迅速下降。故障后，经检修人员对该蓄电池组进行核容，蓄电池组容量为额定容量的 86%，故蓄电池组带 30A 左右的直流负荷运行约 5h 后，母线电压降至 200V，若不及时处理，存在直流电源失压的风险。

三、故障处理过程

检修人员查明原因后，首先拉开了应急照明系统，减小直流负荷，延长蓄电池组续航能力。

四、故障处理与防范措施

1. 故障处理

（1）由于当时没有同型号的低压断路器备品备件，检修人员使用多股导线经100A刀闸直接跳通站用变压器低压侧断路器进出线端，如图7-1所示，事后尽快更换已损坏的低压断路器。

（2）临时恢复交流回路供电，并调整充电参数，恢复蓄电池容量，确保直流电源系统工作正常。

（3）对容量下降的蓄电池组，采取循环放电的方式进行容量恢复。

2. 防范措施

（1）做好充电装置的运行监视及维护工作。每天应对充电装置进行检查，三相交流电压是否平衡或缺相，运行噪声有无异常，各保护信号是否正常，交流输入电压值、直流输出电压值、直流输出电流值等各表计显示是否正确，正对地和负对地的绝缘状态是否良好。

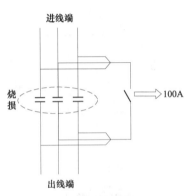

图7-1　多股导线经100A刀闸

（2）加强380V交流系统的检查维护，保证关键部件的备品备件充足。

（3）交流失压时应尽快处理，恢复交流供电，防止蓄电池组过长时间带负荷。

（4）对容量下降的蓄电池组，可采取循环充放电的方式进行容量恢复。

案例2　站用交流电源 *N–2* 造成全站失去交流电源

一、故障简述

某年5月21日，北方某500kV开关站两台站用变压器的电源均为外接电源。由于其中一路外接电源的主变在检修，此线路停电；而另一路外接电源线路故障。即站用电源的两路外接电源一路在检修，另一路出现故障，造成该站全站交流失压。

二、故障原因分析

1. 系统组成级运行方式

该开关站一期站用变压器电源接线均采用外接方式。站用变压器 T1 的供电电源由该地区某 110kV 变电站 35kV 出线提供；站用变压器 T2 由其他地区 35kV 线路 T 接供电。站用变压器 T0 预留柴油发电机位置。计划二期该站改为 500kV 变电站（含 500kV 串补站），所以该站站用电接线方式是按照远期规划接线，如图 7-2 所示。

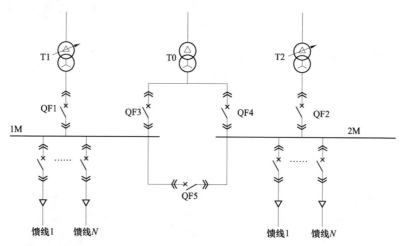

图 7-2　500kV 变电站站用电接线图

2. 故障描述

05 月 21 日，该 500kV 开关站 T1 站用变压器外接电源引致某 110kV 变电站，该站主变压器在检修，此时站用变压器 T1 无电源供电；全站交流电源由 T2 站用变压器经过 QF2、QF5 带 1M、2M 全站交流负荷。5 月 21 日 9 点 30 分，站用变压器 T2 电源侧 35kV 线路故障。

3. 故障原因分析

从该站站用电接线分析，由于该站站用变压器的两路电源均采用外接电源方式，这种电源引接方式可靠性较低，且其中一路外接电源线路长达 150km 左右，末梢电压下降 7%，供电质量较差，存在全站站用电失去交流的潜在危险。

该站 T1 站用变压器外接电源引致某 110kV 变电站，该站主变压器在检修，此时站用变压器 T1 无电源供电；站用变压器 T2 电源侧 35kV 线路故障；T0 应急电源车处无配置状态。造成该站站用电源的两路外接电源 $N-2$ 失压，该 500kV 开关站交流失去电源近 7h。

三、故障处理过程

立刻决定 T0 站用压器配置 120kW 的柴油发电机。

四、故障处理与防范措施

1. 故障处理
（1）保障外接站用电源可靠性。
（2）外接电源检修或故障，开关站应有预案、有措施，完善变电站交、直流电源系统。

2. 防范措施
（1）优化站内站用变压器电源引接方案。
（2）对于 500kV 变电站以及开关站 T0 站用变压器接入柴油发电机、T 接外接电源安全性存在很多问题。建议采用新能源微网技术，利用当地地理环境优势，探索引入分布式微网作为 T0 站用变压器可靠电源，提高 500kV 变电站及开关站站用电源的可靠性。

案例3 站用电源交流失压造成全站失电

一、故障简述

某年 1 月 17 日 19 点 37 分，华北地区出现大面积冰冻天气。华北某 500kV 变电站由于输变电线路出现结冰故障，引起站内 4 台主变压器先后跳闸，使 1 号站用变压器和 2 号站用变压器失压；0 号站用变压器电源取自该站下级 220kV 变电站也同时失压，直流电源系统 3 台充电装置均失电；该站直流负荷均由蓄电池组供电，4h 后蓄电池组容量下降，站内交、直流电源均失电，造成变电站无法启动。

二、故障原因分析

1. 系统组成及运行方式
该站直流系统采用单母线接线运行方式。配置两组蓄电池，容量 500Ah；配置 3 组 100A 充电装置。

直流系统运行方式：1 号充电装置接入直流 I 段母线；2 号充电装置接入直流 II 段母线，0 号充电装置（备用）分别接入直流 I 、II 段母线。

交流系统运行方式为：1 号站用变压器接入交流 1M 母线，2 号站用变压器接入交流 2M 母线，站外电源备用分别接入 1M、2M 母线。

2. 故障描述

（1）外观检查情况。

全站交流失电后，站内事故照明、UPS、保护装置等全部直流负荷均由蓄电池组供电，4h 后蓄电池电量不足，站内所有电源失电，造成变电站无法启动。直至发电车到达现场后，才将变电站启动。

（2）试验检测情况。

1）1 号主变压器高压、中压、低压侧断路器掉闸；

2）2 号主变压器高压、中压、低压侧断路器掉闸；

3）3 号主变压器高压、中压、低压侧断路器掉闸；

4）4 号主变压器高压、中压、低压侧断路器掉闸；

5）35kV 母线失电；

6）1 号站用变压器失电；

7）2 号站用变压器失电；

8）0 号站用变压器失电；

9）交流低压 0.4kV 1M 母线失电；

10）交流低压 0.4kV 2M 母线失电；

11）交流低压 0.4kV 备自投未动作；

12）0、1、2 号充电装置交流电源失电；

13）直流Ⅰ段母线电压 219V，总电流 82A；

14）直流Ⅱ段母线电压 219V，总电流 80A；

15）1 号 UPS 电流 33A，2 号 UPS 电流 32A；

16）事故照明Ⅰ段 34A，Ⅱ段 34A。

3. 故障原因分析

经现场检测报告分析，引发本次故障的主要原因有：

（1）冰冻天气对电网造成破坏，致使 T1 号、T2 号站用变压器失压。

（2）T0 号站用变压器电源取自本站下级变电站，当本站故障后，下级变电站也失电，造成站外电源形同虚设，故障时未发挥作用。

（3）电池质量不合格，故障时未放出全部容量，电压就下降到 170V。

（4）变电站内未配置发电机或发电车。

三、故障处理过程

（1）断开事故照明电源，站内改为手持式灯具及小型汽油发电照明。

（2）紧急调拨发电车到现场供电。

（3）监测直流电源运行工况。

四、故障处理与防范措施

1. 故障处理

（1）因检修公司所辖 500kV 变电站分布较广，考虑到冬季雪天路面冰冻或者夏季洪涝灾害等原因，公司应对较偏远的变电站单独配置发电车或发电机，几个距离较近的变电站可以考虑共用一个发电车，并将发电车（发电机）的维护项目、周期、方法等纳入相应规程。

（2）对所有变电站站外电源进行排查，凡取自本站下级变电站电源的，均应列计划进行整改。

2. 防范措施

（1）要优化站内站用变压器电源引接方案。

（2）对于 500kV 变电站以及开关站 T0 站用变压器接入柴油发电机、T 接外接电源安全性存在很多问题。建议采用新能源微网技术，利用当地地理环境优势，探索引入分布式微网作为 T0 站用变压器可靠电源，提高 500kV 变电站及开关站站用电源的可靠性，能满足 500kV 站用电在各种 $N–1$ 及 $N–2$ 的情况下保证全站两段母线的供电。

案例 4　充电装置交流电源故障引起直流母线电压异常

一、故障简述

2009 年 10 月 17 日 10 点 10 分，山西某 110kV 变电站操作队运维人员进入该站巡视后发现直流电源系统"电源消失"，充电屏交流电源 1 路断路器及 2 路断路器均在脱扣断开位置。经检修人员到达现场检查后，充电装置的两路交流电源在接线时相序接错；当交流屏切换以后，充电屏两路交流电源同时带电，造成相间短路，充电装置失电；直流负荷均由蓄电池组供电，放电几小时后蓄电池组容量下降，致使直流母线电压异常。

二、故障原因分析

1. 系统组成与运行方式

该站直流系统操作电压为 DC 220V，采用单母线接线运行方式。配置 1 组蓄电池 104 只，容量 120Ah；配置 1 组充电装置，充电装置 4 台充电模块，充电装置交流配电单元由两路电源输入，切换方式采用互投互备零秒切换。

4 台充电模块整流后接入直流母线，蓄电池组经熔断器 FU1、FU2 后并入直流母线，经各馈线直流断路器分别带变电站内所有保护、控制、事故照明、UPS 等负荷，经常性负荷大约 5A。

2. 故障描述

（1）外观检查情况。检修人员现场仔细检查后发现交流互投回路接触器有短路电弧灼伤痕迹。

（2）试验检测情况。检修人员对该站直流电源系统进行全面检查：

1）发现交流互投回路接触器有短路电弧灼伤痕迹；

2）经万用表测量交流母线并无短路现象，交流互投控制回路工作正常，经 1 路交流电源试送电后站内直流母线电压正常，充电装置输入、输出正常。基本判定直流电源系统"电源消失"是由于交流互投回路存在瞬间（短时并列）短路造成两路断路器同时跳闸，充电装置失电；直流负荷均由蓄电池组供电时，因监控人员未对蓄电池组供电信息进行监控，放电几小时后蓄电池组容量下降，致使直流母线电压异常。

3. 故障原因分析

事故后，经现场检测报告分析，引发本次故障的主要原因有：

（1）对充电装置交流配电单元进行仔细检查，发现 1 路交流电源与 2 路交流电源相序不一致；因充电装置两路交流输入电源均来自站用电屏同一母线，当站用电屏交流母线失电后，充电装置交流输入两路电源同时失压，主接触器 KM1 和 KM2 同时释放；而当站用电屏交流母线恢复供电时，充电装置两路交流输入电源又同时带电，主接触器 KM1 和 KM2 线圈同时符合吸合条件，但此时 1 路交流输入电源与 2 路交流输入电源相序接错，吸合瞬间 1 路交流输入电源和 2 路交流输入电源存在短时并列，造成相间短路，1 路交流输入电源断路器和 2 路交流输入电源断路器在短路电流冲击下同时跳闸，站用电源接线详见图 7-3。

综上所述，施工人员在安装过程中未按图施工给直流电源系统失电埋下隐患，归属于人为因素。而交流配电单元采用互投互备零秒切换给两路交流输入电源短时并列成为可能，归属于交流配电单元装置的原理接线因素，今后工程中宜采用带延时切换的交流配电单元。

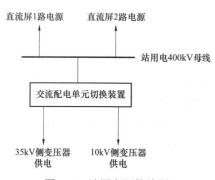

图 7-3 站用电源接线图

（2）在事故前 30h 左右，35kV 站用变由于 A 相跌落熔断器熔断，站用电屏 1 路电源（35kV 侧）失电，站用电屏切换为 2 路电源（10kV 侧）；运维人员到达现场更换跌落熔断器后，将站用电屏由 2 路电源再次切换为 1 路电源（35kV 侧）供电，在此操作过程中造成充电屏交流电源失电，运维人员进行站用电屏倒闸操作时未检查直流电源系统供电是否正常，也是导致充电屏交流电源失电的重要原因。

（3）充电装置失电后，直流负荷均由蓄电池组供电，因监控人员未对蓄电池组供电信息进行监控，放电几小时后蓄电池组容量下降，致使直流母线电压异常。

在直流电源失电过程中，该站内主设备及线路均未出现故障，所以未造成重大设备损坏事故。

三、故障处理过程

2009 年 10 月 17 日 10 点 10 分，该站操作队运维人员进入变电站巡视后发现，交流屏工作正常，直流系统母线电源消失，直流屏交流电源 1 路断路器及 2 路断路器均在脱扣断开位置，测量蓄电池组电压在 48V，通知检修人员到达现场，检查交流互投回路正常，交流母线测量并无短路现象，对地绝缘正常，试送 1 路交流电源断路器，直流电源系统恢复运行，直流母线 230V，直流电源消失故障解除。

四、故障处理与防范措施

1．故障处理
（1）将该站充电装置交流 1 号电源及交流 2 号电源进行相序核对。
（2）将该站蓄电池组进行全核对性容量放电，容量合格。
（3）将所辖各站直流电源系统充电屏交流输入两路电源进行相序核对。
（4）对有 0s 切换互投回路的设备进行隐患排查，重点是交流屏 0s 切换回路，存在隐患的应在切换回路中加入延时或者中间继电器，避免造成类似事故。

2．防范措施
目前 110kV 变电站典型设计普遍采用充电屏交流输入回路两路供电，0s 切换的供电模式，两路电源要进行核对相序，在直流电源系统验收试验过程中也只能断开一路断路器后检测交流互投回路工作是否正常，很难发现事故中的极端情况。
（1）应在有 0s 切换电源回路时，着重强调两路电源相序的一致性。
（2）0s 切换回路在交流屏两路电源切换回路中运用比较多，发生类似故障的概率较高，应在交流屏选用时尽量选用带延时切换并有选择优先供电的设备。
（3）完善交直流电源报警信号上传的准确性。

案例 5　交、直流电源异常造成直流母线异常

一、故障简述

某年 5 月 12 日 1 点 4 分 21 秒，华北某 220kV 变电站发生一起一次系统异常，造成站用变压器低压断路器 401、402 低电压脱扣跳闸（自动控制装置闭锁没有动作），全站交流电源失去；充电装置失去电源停止工作，第 2 组蓄电池存在开路，直流Ⅱ段母线电压异常。

二、故障分析原因

1. 系统组成及运行方式

该站直流系统操作电压为 DC 220V，采用单母线接线、分列运行方式；馈线网络辐射供电；正常运行时，两段直流母线联络断路器在分位。配置 2 组蓄电池，每组 104 只，容量 400Ah/每组；配置 3 组 60A 充电装置，两组蓄电池公用一台备用充电装置。

该站站用交流电源系统，两台站用压器取自该站 35kV 系统，低压侧接线方式为单母分段接线，配有备自投装置，投入运行时具备互投，但不具备自复功能。该站 380V 交流电源系统接线详见图 7-4。

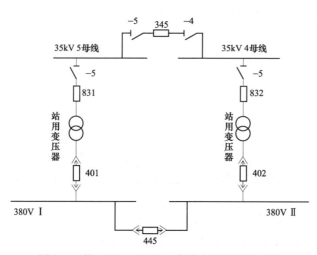

图 7-4　某 220kV 站 380V 交流电源系统接线图

2. 故障描述

（1）外观检查情况。对第 2 组蓄电池外观检查未见漏液、鼓肚、凹陷等异常。选择 75 号蓄电池进行现场解体，发现 75 号蓄电池正、负极板腐蚀严重，负极极柱出现熔化现象，蓄电池负极极柱与汇流排连接处已完全断裂，现场专业技术人员确认 75 号蓄电池开路。经第 2 组蓄电池蓄存在多支开路。

（2）试验检测情况。因一次系统所带负载某电铁牵引站发生短路故障，引发该站一次系统波动，某年 5 月 12 日 1 点 4 分 21 秒一次系统异常录波图，一次系统异常录波详见图 7-5。

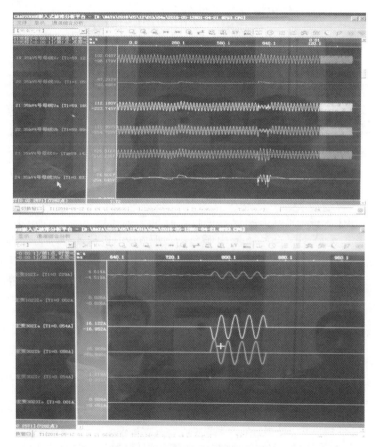

图 7-5　该站一次系统异常录波图

3. 故障原因分析

经现场检测报告分析，由于一次系统异常造成站用变压器低压断路器 401、402 低电压脱扣跳闸；在此站用交流电源失去 1h 期间，直流电源第 1、2 组蓄电池分别带全站直流电源负荷，此时该 220kV 站直流电源系统监控装置报"直流 II 段母线电压低"信号，专业班组人员现场对 75 号蓄电池检查存在开路现象，导致直流 II 段母线电压异常。

针对蓄电池开路进行分析：

此时，整组电池会提供一个工作电流 I_A，并在每个内阻 R_b 上产生一个电压降 U_{R_b}。若 R_{b2} 增大，则 $U_{R_{b2}}$ 随之增大，该节电池的端电压 $U_{b2}=E_2×VR_{b2}$，若 $I_A=20A$，内阻 R_b 增加到 200mΩ 时，U_{R_b} 就会达到 4V，在电池内阻继续增大时，电池两端产生的反置电压会急剧增大，导致电源供电回路崩溃甚至失效，电池会发生爆炸。蓄电池内阻增大导致母线电压异常详见图 7-6。

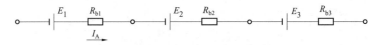

图 7-6　蓄电池内阻增大导致母线电压异常

三、故障处理过程

某年 5 月 12 日该站发生一起一次系统异常，造成站用变压器低压断路器 401、402 低电压脱扣跳闸（自动控制装置闭锁没有动作），全站失去交流电源；运维人员进入现场，对站用低压断路器进行检查，确认低压断路器 401、402 无问题后，手动将站内 401、402 交流电源投入运行；在此交流电源失去 1h 期间，直流电源第 1、2 组蓄电池分别带全站直流电源负荷，且 UPS 负荷约 27A，直流电源系统监控装置报"直流 II 段母线电压低"信号，次日，专业班组人员检查第 2 组蓄电池的部分电池多支已开路，随即由第 1 组蓄电池及第 1 组充电装置带全站直流负荷。

四、故障处理及防范措施

1. 故障处理

（1）专业班组迅速将全站直流负荷倒至第 1 组蓄电池、充电装置带全站负荷。

（2）采用应急电源临时投运到该站。新装第 2 组蓄电池投入运行，容量为 400Ah，全站恢复正常运行状态。

（3）该站交流电源已经切换到手动位置，以防交流电源波动。将采集参数进行校准、核对、分析，低压脱扣设置为低压暂态跌落延时大于 3s。

2. 防范措施

（1）重视变电站站用交流电源系统电压质量。对于一次系统所带负载有电铁牵引站、钢厂等的用户，发生一次系统波动，影响到了变电站低压 400V 交流电源系统，要采取必要的技术措施，保障变电站低压电源系统安全可靠运行，避免造成交直流电源故障。

（2）加快推进直流电源系统电压接入故障录波器工作。为提高直流电源系统故障分析的效率和准确性，变电站内至少选择一台或多台故障录波器同时采集两段直流电源系统母线正、负极对地电压，为保证在任一直流母线失压情况下仍能够完整记录直流电源系统电压。

（3）重视变电站蓄电池运行维护工作。

（4）加强变电站交直流电源定期巡视工作。

（5）重视基建变电站交直流电源设备验收。

（6）重视变电站 UPS 直流接入系统后的容量需求变化。

（7）拆除低电压脱扣器，由控制装置实现低电压延时 3s。

案例 6 站用交流电源故障造成直流母线失压

一、故障简述

2014 年 5 月 12 日，东北某 220kV 变电站 1 号站用变低压侧断路器欠压保护动作，使 1 号站用变压器低压侧断路器先后跳闸，导致站用 380V 交流电源失压，充电装置失去电源停止工作，蓄电池组为直流负荷提供电源；因蓄电池已存在隐患，造成直流母线失压。

二、故障原因分析

1. 系统组成及运行方式

该站直流系统操作电压为 DC 220V，采用单母线接线、分段运行方式，正常运行时，两段直流母线联络断路器在分位。配置 2 组蓄电池，个数 108 只/每组，容量 300Ah；配置 2 套充电装置。

220kV 系统：

该站共有 4 条 220kV 母线，Ⅰ、Ⅱ段母线为敞开式设备、××线、1 号主变压器在Ⅰ母运行；徐东 1 线、2 号主变压器在Ⅱ母运行；1 号母联断路器在合位。

Ⅲ、Ⅳ段为扩建间隔，GIS 设备，封闭式母线。徐东 2 线、3 号主变压器在Ⅲ母运行；徐东 3 线、4 号主变压器在Ⅳ母运行；2 号母联断路器在合位。

Ⅰ、Ⅲ段母线分段开关合，并列运行；Ⅱ、Ⅳ段母线分段开关合，并列运行；每条母线均配置一台 220kV 电压互感器。

66kV 系统：

66kV 水泥线、1 号主变压器在 66kV 东母线运行；2 号主变压器在 66kV 西母线运行；1 号 66kV 母联断路器在合位，东、西母线并列运行。

站用交流系统：

东风变压器共有站用变压器 2 台，容量均为 630kVA。1 号站用变压器接入该站 66kV 母线；2 号站用变压器的电源为外接电源，由 66kV 线路 2 对侧本溪变送电；母线联络断路器在分位，2 台站用变压器分列运行。该站一次系统接线详见图 7-7。

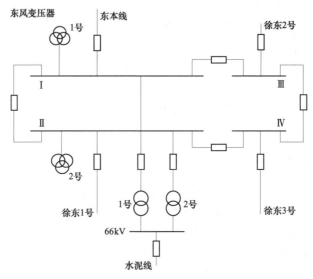

图 7-7 该站一次系统接线图

2. 故障描述

（1）外观/解体检查情况。对蓄电池外观检查未见漏液、鼓肚、凹陷等异常。选择 43、54 号蓄电池进行现场解体，发现 43 号蓄电池正、负极板腐蚀严重，负极极柱出现熔化现象，壳体内部出现熔铅；54 号蓄电池负极极柱与汇流排连接处未完全断裂。蓄电池 43 号与 54 号蓄电池剖开详见图 7-8。

（2）对蓄电池组试验检测情况。

1）对第一组蓄电池带临时负荷进行测试，利用 1600W 电热水器烧水 10min（负荷电流约为 6.8A），蓄电池组电压维持在 235V 不变，再逐个测量各蓄电池单体电压为 2.2V 左右，未发现异常。

2）再次对第一组蓄电池进行了核对性充放电试验（放电电流为 31.5A），放电时 43 号蓄电池电压快速下降，随后将其脱离蓄电池组，测量其电压为 1.85V。将其余 107 只电池继续进行核容试验，核容结果良好。43 号电池单体电压测试详见图 7-9。

图 7-8　蓄电池 43 号与 54 号蓄电池剖开图

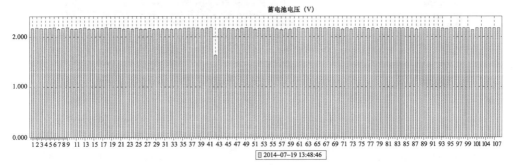

图 7-9　43 号电池单体电压

3）利用内阻测试仪对第一组蓄电池进行检测，发现 43 号蓄电池内阻为 0mΩ（电压 1.633V），54 号蓄电池内阻偏大（4.621mΩ）。54 号电池单体内阻测试详见图 7-10。

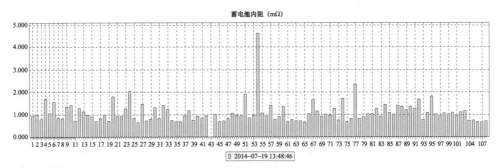

图 7-10　54 号电池单体内阻

（3）对低压交流系统试验检测情况。1 号站用变压器低压交流系统为 2004 年东风变扩建工程改造后投运，低压断路器采用 JXW1–2000 智能型万能式断路器，具备过电流保护和欠压保护功能。通过对断路器检查，电压设定值为额定相电压的 85%，当电压低于 187V 时，该断路器瞬时动作跳闸。

根据水泥线保护装置调出的波形图看出其故障，66kV 东母线三相电压最大值为 12.81kV。水泥线保护装置调出的波形详见图 7–11。

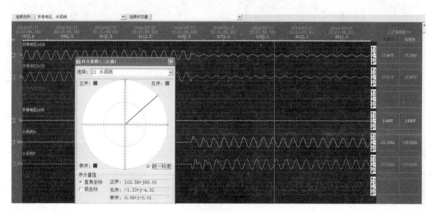

图 7–11　水泥线保护装置调出的波形图

1 号站用变压器运行时变比为 66/0.4，66kV 东西母线电压互感器变比为 66/0.1，根据以上结果，计算出故障瞬间 1 号站用变压器低压侧电压有效值为

$$U=19.415V×（66/0.1）/（66/0.4）=77.66（V）$$

低于动作值 187V，满足动作条件。即因 66kV 水泥线短路故障造成 66kV 母线电压降低，1 号站用变压器低压侧断路器跳闸。

3. 故障原因分析

经现场检测报告分析，引发本次故障的主要原因如下：

（1）1 号站用变压器低压侧断路器脱扣跳闸。1 号站用变压器低压侧断路器具有欠压保护功能，在 66kV 水泥线短路故障时造成 66kV 母线电压降低，导致 1 号站用变低压侧母线电压降低，达到欠压保护整定的定值，从而欠压保护动作，低压侧断路器正确跳闸。

（2）第一组蓄电池单体电池异常。结合检查及试验过程，其分析原因如下：

1）43 号蓄电池由于运行年限较长（该组蓄电池运行近十年），正、负极板腐蚀严重，电池负极极柱与汇流排连接处出现熔化现象，壳体内部出现熔铅，内部汇流条与汇流排连接处接触不良，电压快速下降（电压 1.633V）；54 号蓄电池负极极柱与汇流排连接处未完全断裂，54 号蓄电池负极稍微用力即断裂，内阻偏大

（4.621mΩ）。

2）在正常运行状态下，直流负荷是由充电装置提供，蓄电池浮充电流较小（0.3A 左右），因此蓄电池不会出现负极极柱与汇流排连接处断裂和熔断故障。但当 1 号站用变跳闸后 1 号充电装置失去交流电源停止工作，由该组蓄电池带直流Ⅰ段母线全部直流负荷（负荷电流大约 18A），因负荷电流较大，致使电池负极极柱与汇流排连接处部分断裂，大电流无法通过，蓄电池组电压逐步下降（通过东本线第二套保护录波信息分析，直流电压大于 160V 及以上时间至少持续 950ms），最终降至保护、测控等装置无法运行。

3）现场对蓄电池组带载试验检查：

a. 放电电流为 6.8A，虽然汇流条可能处在虚接状态，但因电流较小，没有发生断路，使蓄电池组形成回路，得以持续放电；

b. 采用 31.5A 大电流进行核容放电时，进一步加剧汇流条的熔断，导致汇流条瞬间断裂，电池损坏，停止放电。

即蓄电池因出现负极极柱与汇流排连接处断裂和熔断故障，是直流母线电压异常的主要原因。

（3）存在的问题。

1）该组蓄电池按照规程要求于 2013 年 7 月 15 日进行了核对性放电、2014年 6 月 29 日进行了端电压测量均未发现异常，而在 7 月 17 日出现异常，暴露出目前对正常运行时处于浮充电状态蓄电池的内部缺陷、隐患的监测和检测手段缺乏。

2）该组蓄电池已运行 9 年 6 个月，接近寿命后期，运维单位在运维上未对其采取相应的措施强化其日常运维检测工作。

3）该站为变电运维班所在地，在本次异常情况的处理之中，运维班人员的反应速度较慢，站用交流恢复的时间较长（28min）。

三、故障处理过程

2014 年 7 月 17 日 2 时 12 分 8 秒，该站 66kV 水泥线三相遭雷击短路，造成66kV 水泥线、220kV 徐东 1 线、徐东 2 线、徐东 3 线断路器跳闸。由于东本线断路器未跳闸（报 TV 断线），变电站未发生负载损失。

当时该站现场无作业、无操作，该站所在地区出现了强对流天气，发生强雷暴并伴有强降雨。

7 月 17 日 2 时 15 分，地区调度监控人员通知运维班（220kV 变电站即为运维班所在地）该站后台无上传信息。运维班当值人员立即对该站进行现场检查，发现控制室后台机无遥测、遥信上传信息，办公用内网电脑失压，初步判定为站用交流电源失去。立即前往交流室，发现交流室 1 号站用变压器低压侧断路器跳闸，运维人员检查无问题后立即进行了送电。

2 时 38 分，地区调度监控人员通知该站 220kV 徐东 1、2、3 线及 66kV 水泥线断路器跳闸，运维班人员立即对一次设备和保护装置动作情况进行了现场检查。检查发现 220kV 徐东 1、2、3 线，66kV 水泥线开关在断开位，设备本身无问题。保护装置动作情况为：66kV 水泥线复合电压闭锁过电流Ⅱ段保护动作（重合闸未投），故障电流 15 802A；220kV 徐东 1 线、徐东 2 线均为第二套保护距离Ⅲ段动作出口，220kV 徐东 3 线为第一套保护距离Ⅲ段动作出口，具体情况详见表 7–1。

表 7–1   220kV 徐东 3 线为第一套保护距离Ⅲ段动作出口表

线路名称	第一套保护动作情况	第二套保护动作情况
220kV 徐东 1 线	未启动；未动作	距离保护Ⅲ段动作
220kV 徐东 2 线	未启动；未动作	距离保护Ⅲ段动作
220kV 徐东 3 线	距离保护Ⅲ段动作	启动；未动作
220kV 东本线	启动；未动作（报 TV 断线）	启动；未动作
66kV 水泥线	过流保护Ⅱ段动作	—

3 时 56 分，地区调度监控人员合上徐东 3 线开关；4 时 4 分，合上××1 线开关；4 时 5 分，合上徐东 2 线开关；4 时 12 分，合上水泥线开关。

四、故障处理与防范措施

1. 故障处理

对存在问题的蓄电池进行更换，并定期进行检测维护。

2. 防范措施

（1）立即组织对全省所有 220kV 及以上变电站站用交直流电源系统进行专项排查，排查直流蓄电池整组核对性充放电情况、单体蓄电池是否有鼓肚、变形、漏液情况，开盖检查正负极接线端子是否有严重腐蚀的情况等，对存在的问题组织制定整改措施。

（2）目前阀控式密封铅酸蓄电池使用寿命一般为 10 年左右（对运行超过 10 年、连续三次核对性放电容量不足 80% 的进行更换），根据运行经验和厂家技术人员反馈，阀控式密封铅酸蓄电池在使用后期可能会出现电解液干涸、极板腐蚀、失水等现象导致容量下降。要求各单位进一步强化对蓄电池的运维管理（特别是运行 8 年及以上蓄电池），按照要求定期进行核对性充放电和端电压测试，并开展蓄电池内阻测试工作，发现问题立即更换。

（3）组织研究对运行中蓄电池采取技术措施（如加装在线内阻测试装置等），做到早日发现蓄电池缺陷。针对不同运行年限的蓄电池，研究制订采取抽样检查的措施，必要时进行解剖检查。

附录 案例提供人

国网湖南省电力公司电力科学研究院

敖　非　黄　纯　周　维　欧力辉　秦传明

国网吉林省电力有限公司延边供电公司		张家豪
国网吉林省电力有限公司吉林供电公司		杨正盛
国网吉林省电力有限公司松原供电公司		张　宇
国网吉林省电力有限公司长春供电公司		杨　涛
国网浙江省电力公司		徐街明
国网浙江省电力公司温州供电公司	杨超余	王　俊
国网浙江省电力公司衢州供电公司	黄宏华	王　涛
国网浙江省电力公司杭州供电公司	张学飞	包江洲
国网浙江省电力公司宁波供电公司	陈国鎏	孙　珑
国网浙江省电力公司嘉兴供电公司	言　伟	金　海
国网浙江省电力公司丽水供电公司	许文涛	葛青青
国网浙江省电力公司台州供电公司	茅为民	陈明旭
国网浙江省电力公司湖州供电公司	陆　翔	周　平
国网浙江省电力公司绍兴供电公司		章馨儿
国网浙江省电力公司检修分公司		韩春雷
国网浙江省电力公司电力科学研究院		童杭伟
国网河北省电力公司石家庄供电公司		刘　辉
国网山西省电力公司		王中杰
国网山西省电力公司太原供电公司	郭培晋	白一兵
国网山西省电力公司临汾供电公司		张永霞
国网山西省电力公司吕梁供电公司		侯立平
国网山西省电力公司晋中供电公司		杨爱晟
国网山西省电力公司忻州供电公司		王宝林
国网山西省电力公司朔州供电公司	许建锋　王　亮	张晓红
国网山西省电力公司阳泉供电公司		王英会
国网山西省电力公司太原供电公司		郭培晋
国网山西省电力公司晋城供电公司	崔秀梅　孙　卓	田志瑞
国网山西省电力公司长治供电公司	梁小波	崔辰晨

国网山西省电力公司大同供电公司	韩凤山
国网山西省电力公司运城供电公司	王卫国
国网云南省电力公司电力科学研究院	李胜男
广东电网有限责任公司	温爱辉
广东电网有限责任公司电力科学研究院	梅成林
广东电网有限责任公司珠海供电局	王志华
中国南方电网有限责任公司	丛培杰
中国南方电网有限责任公司	周　哲
中国南方电网有限责任公司	邹志良
中国南方电网有限责任公司	陈远军
中国南方电网有限责任公司	赵浩标
中国南方电网有限责任公司	区伟明
中国南方电网有限责任公司	陈韦宇
中国南方电网有限责任公司	毛　磊
中国南方电网有限责任公司	刘　珊
中国南方电网有限责任公司	冯剑豪
中国南方电网有限责任公司	李晨涛
中国南方电网有限责任公司	蔡　蒂
中国南方电网有限责任公司	黄健源
中国南方电网有限责任公司	邵家威
中国南方电网有限责任公司	颜　玮
中国南方电网有限责任公司	林　适
国网冀北电力有限公司张家口供电公司	王　洪
国网冀北电力有限公司检修分公司	魏玉寒
国网冀北电力有限公司冀北电力科学研究院	沈丙申
国网福建省电力有限公司	吴晨阳
国网陕西省电力公司宝鸡供电公司	樊树根
国家电投中央研究院	赵　军
国网北京市电力公司	刘　军
国网辽宁省电力有限公司	田庆阳
国网上海市电力公司调控中心	涂　崎
国网上海市电力公司检修公司	戴春怡
国网上海市电力公司	陈能民
国网山东省电力公司临沂供电公司	魏恒胜

国网山东省电力公司电力科学研究院 王 军

国网河北省电力公司电力科学研究院 李秉宇

国网河北省电力公司石家庄供电公司 刘 辉

国网安徽省电力公司 柯艳国

国网重庆市电力公司 田金虎

山东金煜电子科技有限公司 韩 琳

山东智洋电气股份有限公司 张万征

艾默生网络能源有限公司 李清华

河北创科电子科技有限公司 王浩彬